价值阅读指导专家

史绍典　湖北省教研员，全国中语专委会学术委员会副主任

伊道恩　天津市教研员，全国中语专委会学术委员会主任

朱芒芒　江苏省教研员，全国中语专委会常务理事

何立新　四川省教研员，全国中语专委会副理事长

吴　益　海南省教研员，全国中语专委会副理事长

吴惟粤　广东省教研员，全国中语专委会副理事长

杨　桦　安徽省教研员，全国中语专委会副理事长，阅读推广中心副主任

陈　军　上海市教研员，全国中语专委会副理事长

孟素琴　河南省教研员，全国中语专委会常务理事，阅读推广中心主任

胡　勤　浙江省教研员，全国中语专委会常务理事

价值阅读指导委员

吴雁驰　湖南省教研员，全国中语专委会常务理事

蒋红森　湖北省教研员，全国中语专委会常务理事

孙　雷　黑龙江省教研员，全国中语专委会常务理事

冯善亮　广东省教研员，全国中语专委会常务理事

王来平　陕西省教研员，全国中语专委会常务理事

张伟忠　山东省教研员，全国中语专委会常务理事

张豪林　河北省教研员，全国中语专委会常务理事

张瑾琳　河北省教研员，全国中语专委会常务理事

杜德林　辽宁省教研员，全国中语专委会理事

苏盛葵　海南省教研员，全国中语专委会常务理事

哈　薇　青海省教研员，全国中语专委会理事

赵福楼　天津市教研员，全国中语专委会副理事长

安　奇　宁夏回族自治区教研员，全国中语专委会理事

段承校　江苏省教研室中学语文教研员

一辈子读过一本经典和没读过一本经典的人生整个都不一样，我不敢劝你们读一辈子的经典，但是希望你们至少认认真真读一本经典。

——马 原

对于学生们来说，应该是用两只眼睛读书，一只眼睛看书上的文字，另一只眼睛看文字的背后。这样才会在"经典"引导下，建立自己的思想。

——北 村

当一个人在少年时期就开始阅读经典作品，那么他的少年就会被经典作品中最为真实的思想和情感带走，当他成年以后就会发现人类共有的智慧和灵魂在自己身上得到了延续。

——余 华

经典本身蕴涵着更高品质的文化价值在里面，我觉得我们的历史文化传承至今主要是由经典来构成的……今天强调经典、强调经典阅读，对我们这样一个时代文化传承的一种坚守和一种再造我觉得是非常有意义的。

——中国当代文学研究会副会长、文学评论家 陈晓明

因为这些书承载着一个民族最重要的文化记忆，也承载着人类最重要的文化记忆，它塑造的民族和人类至少是正面的……所以我觉得经典对于我们无论是今天还是未来，它的重要性永远是不可或缺、不可忽视的。

——北京师范大学文学院副院长、文学评论家 张清华

商务印书馆"昌明教育，开启民智"的理念和倡导重读经典、倡导价值阅读、倡导"为中国未来而读"的践行活动，在这个时代不同凡响。当然，经典的价值不会立竿见影，但它一定会潜移默化地改造世风，照亮我们的精神世界。

——中国文化与文学研究所所长、文学评论家 孟繁华

价值阅读读什么

——《昆虫记》一书以《松毛虫的故事》为例进行解读

故事综述：

每种昆虫都有自己的生活方式，松毛虫则选择了集体生活，它们一起筑窝群居，一起排队去吃松针，这种集体生活让弱小的松毛虫有着自己的规则。它们之间团结友爱，拥有"虫虫为我，我为虫虫"的共同生活信条，这使得它们这个集体更具生活气息，但它们也过于墨守成规，以致失去更好的生活方式。

价值解读：

1. 关于合作

松毛虫是在松树上盘踞着生活的一种昆虫，素有"结队毛虫"之称，因为它们总是排着队，一条跟着一条出去觅食。它们为了一个共同的目标生活在一起，这是一个团结合作的集体。

价值启示：正如歌德所说，单枪匹马总是没有力量的，合群永远是一切善良思想的人的最高需要。我们所处的时代，对团结合作精神的渴求比以往任何一个时代都显得更为迫切。它是事业成功的基础，是立于不败之地的重要保证。

2. 关于奉献

松毛虫的信条是"虫虫为我，我为虫虫"。不管它们是在自己的巢穴还是在别人的巢穴，每条小小的松毛虫都会竭尽一己之力，造出属于大家的壁垒。在它们生活的字典里没有什么私有财产，也没有什么能引发战争，有的只是自己为他人做了多少，为工作奉献了多少，这就是它们平凡而伟大的生存哲学。

价值启示："虫虫为我，我为虫虫"是不是可以写成"人人为我，我为人人"？如果我们每个人都能做到心中有别人，处处为别人着想，互敬互爱，那么人与人之间就会多一些温暖，社会就会更加和谐。

3. 关于勇于尝试

松毛虫是一种行为比较死板的昆虫。它们身处困境，忍饥挨饿，既没有线囊避寒，又无法避免夜晚的霜冻。它们只是日复一日地沿着固有线路，走了一圈又一圈，痴迷而冥顽。它们不害怕冒风险，也不畏惧路途艰难，却始终没有开拓创新的意识和勇于尝试的想法。

价值启示：习惯的养成，经验的积累，为生活和工作提供了便利和捷径。但是一成不变的习惯和固有的经验，也许会束缚人们对事物的认识。想要得到更好的发展，墨守成规是极为不可取的，适时地尝试与改变，也许会收获更多。

经典名著 大家名译

闻 钟◎主编

昆 虫 记

〔法〕亨利·法布尔 著 肖 旻 等 译

价值典藏版

2.0

商务印书馆
创于1897 The Commercial Press

图书在版编目(CIP)数据

昆虫记 /(法)法布尔著；肖旻等译. —北京：商务印书馆，2015（2024.6重印）
（经典名著大家名译）
ISBN 978 - 7 - 100 - 11313 - 7

Ⅰ.①昆… Ⅱ.①法… ②肖… Ⅲ.①昆虫学—普及读物 Ⅳ.①Q96 - 49

中国版本图书馆 CIP 数据核字(2015)第 110865 号

权利保留，侵权必究。

昆虫记

〔法〕亨利·法布尔 著

肖 旻 等 译

商 务 印 书 馆 出 版
（北京王府井大街36号 邮政编码100710）
商 务 印 书 馆 发 行
三河市嘉科万达彩色印刷有限公司印刷
ISBN 978 - 7 - 100 - 11313 - 7

2015 年 6 月第 1 版　　　　开本 915×630　1/16
2024 年 6 月第 14 次印刷　　印张 14
定价：24.80 元

中译本序

　　法布尔是十九世纪法国著名作家和生物学家，全名让-亨利·卡西米尔·法布尔。法布尔是他的姓氏。为了适应中国人的习惯，我们姑且称他法布尔，一来比较顺口，二来显得亲切，就像我们称呼某个熟人"老马""老刘"一样。

　　法布尔一八二三年出生在法国南部一个农民家里。穷乡僻壤，对于城里的孩子来说，生活也许是单调了一点。但是乡村的孩子是不会有这种感觉的，因为走出家门就是广阔的原野，大自然里有他看不完的新鲜事，有他玩不完的游戏，也有他探究不完的奥秘。他蹲在地上看蚂蚁搬家，一蹲就是老半天；他爬上屋顶掏麻雀，爬上橄榄树捉知了；晚上，他提着风灯抓蟋蟀。家里养的小狗、小牛、小羊、鸭和鹅都是他的好朋友。他喜欢大自然的一切，整天在外面玩耍，难得落屋。

　　七岁时，父亲把法布尔送进学堂。在外面野惯了，一时难以收心，所以一开始他的成绩并不好，光是学习法语的二十六个字母，就不知道花了多少冤枉力气。不过小法布尔是个很有志气的人，不甘心落在别人后面，别人花一分精力，他就花两分精力，这样一来，他的成绩就慢慢追了上来。

　　可是，出于生计，家里多次搬迁，使得法布尔好几次中断学业；又因为家境贫寒，他常常不得不辍学打工，这样，他就不能像一般孩子那样按部就班，顺利升学。但是他的求知欲特别旺盛，利用一切空闲时间自学，终于在十五岁那年考上了师范学校。以后，他又通过刻苦自学，先后取得了大学的物理数学学士学位和自然科学学士学位。在三十一岁那年，还凭借两篇优秀论文，获得了自然科学博士学位。

有一次，法布尔带学生去野外上课的时候，忽然在石块上发现了垒筑蜂及其蜂窝，久蓄在心中的童年的爱好一下子被唤醒了。他花一个月的工资买来昆虫学著作，认真研读，然后，他郑重地立下志向：做一个为昆虫书写历史的人。

从此，他一边认真从事教育工作，一边抽时间去野外，观察昆虫的生活，并做详细记录。一八五四年，他发表了第一篇有关昆虫的文章《节腹泥蜂习俗观察记》。这篇文章观察细致，资料翔实，文笔生动，情节有趣，不仅纠正了一些权威学者的错误，还鲜明地表达了自己的观点，深受学术界同仁和一般读者的好评。从此他就引起了大家的注意。三十四岁那年，他发表过关于鞘翅昆虫变态问题的学术论文，再次让学术界的同仁们大吃一惊。法国的科学管理机构向他颁发奖金。英国著名生物学家达尔文也特别注意到这个法国年轻同行，在他的学术名著《物种起源》里称法布尔是"难以效法的观察家"。

在法布尔之前，人们对昆虫的研究，主要是从解剖学方面进行的。像他这样对昆虫从生到死做全面的系统的观察，似乎还不多见，因此他的研究工作就特别有意义。法布尔意识到自己工作的重要性，便索性辞去教职，专门从事《昆虫记》的写作，并加紧整理旧资料，开展新研究。

从一八五四年开始，到一九○八年，五十多年里，法布尔一共写了二百二十多篇关于昆虫和生物学方面的文章。他用这些文章编成巨著《昆虫记》，有洋洋十卷之多，译成中文不下两百万字。从理论和科普意义上说，《昆虫记》算得上一部生物学著作，然而从文字的生动、叙述的精彩、描写的细腻和想象的独特来说，它又是一部文学名著。在二十世纪初，法国文学界曾以"描写昆虫的杰出诗人"名义，推荐法布尔为诺贝尔文学奖候选人。可是瑞典文学院的评审委员们还没来得及做出最后决定，法布尔就去世了。这也是诺贝尔文学奖的遗憾之一。

为了让我国的年轻读者对《昆虫记》有个大致了解，也为了让大家从法布尔那精彩的文章中获得教益和乐趣，我们挑选了几篇描写中国人比较熟悉的昆虫的文章，尽力忠实地翻译出来，希望大家能够喜欢。

管筱明

目 录
Contents

蜘蛛的故事

蟋蟀的故事

蝉的故事

松毛虫的故事

昆虫记

你知道吗？昆虫的世界丰富多彩，有织网的天才（蜘蛛），大自然的歌唱家（蟋蟀），自食其力的勤奋者（蝉），热爱集体的奉献者（松毛虫），它们有着不同习性和各自捕捉猎物的方法，向我们展现着为生存而斗争时的灵性，动物的生命同样也应当得到尊重，尽管它们不会像人类一样用言语表达，但它们的每一个动作都有它的深刻含义。让我们走近它们，感受生命的智慧与力量。

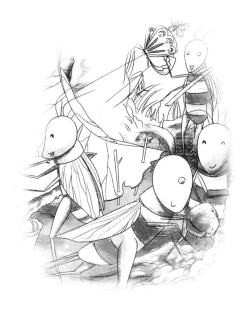

蜘蛛的故事

黑肚皮的塔蓝图拉毒蛛

导读：塔蓝图拉毒蛛是一种有名的毒蜘蛛，如果被它咬了，会非常痛苦，甚至会出血，还有可能会感染，因此人们一直对它敬而远之。可法布尔却捕捉它们，观察它们，发现了塔蓝图拉毒蛛许多不为人知的秘密。

蜘蛛的名声向来不好：对大多数人来说，它是一种可恶的、有害的动物，人们一看到它就会冲上去一脚踩死。但研究者却不会仓促做出这种结论，他们会认真展开对蜘蛛的研究：它具有杰出的编织才能，狡猾的捕食手段，悲剧性的婚姻，还有其他吸引人的特征。

的确，即使不是为了科学的目的，蜘蛛也是一种值得用心观察研究的生物。但在传说中，蜘蛛是一种有毒的动物，正是它背负的这个罪名，才使我们产生了最初的厌恶与反感。说它是带毒的动物，这我是同意的，蜘蛛正是用带毒的尖牙武装自己，才能快速杀死捕到的小昆虫。但杀死小昆虫和杀死人是大不相同的。蜘蛛的毒素可以迅速杀死一只被网缚住的小昆虫，但对于人而言，让蜘蛛蜇一下跟被一只小蚊虫咬一口差不多，毒素甚至还少一些，没有丝毫危险。至少我可以保证，在我们居住的地区，绝大多数蜘蛛对人是没有危险的。

虽然这样，少数人仍隐隐地担忧。这其中主要是科西嘉（法国最大的岛）的农夫，我们称这种担心为"多余的担心"。我曾看到在泥泞道路的车痕、蹄印里安身的蜘蛛，它布下一张致命的网，得手后勇敢地冲向比自己还大的俘虏；我也曾对它那缀着深红圆点的黑丝绒"外套"欣赏不已。但关于蜘蛛，我知道得最多的，还是那些让人恐惧不安的故事。在阿雅克肖（法国城市，位于法国地中海岛屿科西嘉岛西海岸的阿雅克肖湾内）和博尼法乔（法国科西嘉岛上的城市）两地，蜘蛛被当作一种非常危险的、有时能置人于死地的动物。农夫们对这种看法深信不疑，而医生们又未敢反驳。在普约（法国城市）附近，离阿维尼翁（法国城市）不远的地方，农夫们谈到一种蜘蛛时总是忧心忡忡。这种蜘蛛是李奥·杜弗在卡塔洛尼安山脉首次发现的。那儿的人说，被它咬中可不得了。

意大利人讲起塔蓝图拉毒蛛也没有什么好话，说这种印度蜘蛛会让伤者痉挛狂躁。他们说，这种病症叫作塔蓝图拉症，只能靠特殊的音乐才能除病解痛。这种起医疗作用的音乐和舞蹈疗效显著。这种舞蹈节奏明快、动作灵活，是不是源于意大利卡拉布里亚城的农夫的医术呢？

对这些怪事，我们究竟该当真还是仅仅付诸一笑呢？仅从我所知的这些情况，我不会发表任何看法。没有任何证据表明，这种音乐可以缓解伤者因塔蓝图拉毒蛛引起的狂躁；也没有任何证据表明，仅靠这种快节奏的让人出汗的舞蹈就可以缓解病痛。

当卡拉布里亚城的农夫向我讲起塔蓝图拉毒蛛，普约的种田人谈起他们的恐蛛症，科西嘉岛的农夫提起多余的担心，我丝毫没有嘲笑，反而陷入了深思和疑惑。这些蜘蛛也许真的该受诅咒，至少该受冷遇。在这样的背景下，黑肚皮的塔蓝图拉毒蛛，我所在的地区最厉害的蜘蛛，也许会引起我们的一些关注。我并不打算探讨医学问题，我最关心和感兴趣的是动物的本能。但既然在捕食战术中起关键作用的是毒牙，我就谈谈它们的功能。塔蓝图拉毒蛛的习性，它捕食前的埋伏，它的战术和捕杀猎物的方法，这些是我以下要谈的内容。

我很喜欢李奥·杜弗对塔蓝图拉毒蛛的描述，也是这些描述使我走近蜘蛛。这里我且引出他的一段描述。这位朗赛的才子提到的是卡拉布里亚普通塔蓝图拉毒蛛，是他在西班牙发现的。他说："狼蛛塔蓝图拉毒蛛喜欢待在开阔、干燥、未开垦的、能晒到太阳的地带。它们——至少是完全成年后——多住在自己掘下的地下通道或洞穴里。这些洞穴多为圆柱形，直径一英寸，离地面约一英尺，并不是垂直的。这些弯弯曲曲的'肠子'说明了一个问题：这位地下居民不仅是一个有手段的猎手，还是一个聪明的工程师。对它来说，洞穴不仅是躲避仇敌的藏身之所，还是捕食猎物的瞭望口。塔蓝图拉毒蛛能未雨绸缪，为一切突发事件做好准备。事实上，地下通道的起始处是垂直的，在大约离地面四到五英寸的地方，就斜下去，形成一个钝角，然后又垂直往下走。塔蓝图拉毒蛛就守在拐角处，眼睛一眨也不眨地盯着洞口，像一个机警的哨兵。在搜寻它们时，我总能感到，就在那个拐角处，有一双像钻石一样闪烁、像鼠目一样贼亮的眼睛在暗中盯着我。

"洞穴的通气孔都是它亲手建造的，像一座真正的建筑物，地面高度约一英寸，有时直径达两英寸，比洞穴还宽敞。这尺寸就像丈量过一样，能让毒蛛在捕食猎物时充分挥舞拳脚。通气孔主要由干木屑和黏土搅拌成的混合物建成，毒蛛一点儿一点儿地把混合物垒成一个直筒，中间是空的。这座户外建筑十分坚固，蜘蛛在其内部加了'衬里'——用丝密密地织出来的。洞穴里也有这样一层。我们完全可以想象这层'衬里'起到了多么大的作用：既可以防滑防摔，又可以使洞穴保持干净，让蜘蛛安稳地守在哨所里。也许这些哨所外形并不都是一样的。事实上，在蜘蛛的洞口经常找不到这种哨所，也许是某些天气原因使哨所遭到了彻底破坏，以致找不到任何痕迹；也许是因为蜘蛛一时找不到恰当的建筑材料，更可能是因为只有少数体力与智力相当成熟的蜘蛛才能拥有这样高超的建筑天分。"可以肯定的是，我确实见过很多这种哨所——蜘蛛洞穴的户外工程。

蛛形纲动物的哨所有着好几种用途：洪水暴发时，它为蜘蛛提供避难之所；狂风劲吹时，它为蜘蛛遮挡户外的落物；它还是蜘蛛觅食的陷阱，是飞蝇小虫的葬身之处。蜘蛛如此精明而英勇，谁又能识破这位猎手无穷的诡计呢？

现在我们来谈谈更让我感兴趣的事情——塔蓝图拉毒蛛的捕猎。

蜘蛛的最佳捕猎期是每年的五六月间。当我第一次观察蜘蛛洞时，就发现它躲在第一层——即前文所说的"拐角处"。一开始我想用蛮力来对付它，就用一把一英尺长两英寸宽的小刀，不停地掏那些洞，一连干了好几个钟头，却没有抓到蜘蛛。我又开始更大面积地寻找，想抓住一只塔蓝图拉毒蛛，冲动之下甚至想拿把斧头，把这些洞穴劈开。最终一无所获的我终于放弃了武力，改用头脑。

人们都说，需要是创造之母。我居然有了一个绝妙的主意：我找来一根植物的主茎，在顶部绑上一根麦穗，用作诱饵，在蜘蛛洞口轻轻地晃动。很快我就发现蜘蛛的注意力被穗饵吸引过来了，开始谨慎地踱着步向麦穗走过来。我将这个家伙引出洞，确信它已无法逃回洞中后，迅速抽开麦穗。蜘蛛见势不妙，转过身嗖地朝洞口冲去，我当然不会让它逃跑得逞，抢在它之前把洞口封住了。塔蓝图拉毒蛛一时冒昧行事昏了头，就连躲避我的捕捉时也显得异常笨拙。最后我把它赶入一个纸袋，迅速封上袋口。

有时候，蜘蛛会起疑心，怀疑是陷阱，或者当时并不很饿，就会按兵不动，与洞口保持一小段距离。可能它认为此时并不是跨越门槛的最佳时刻。它的耐性显然超过了我的决心，在这种情况下，我只得改换战术：首先确定蜘蛛的确切位置，然后探明洞里通道的方向。一切准备就绪后，我用一把小刀沿通道斜插进去，堵住蜘蛛的后路，再用东西在洞口装蜘蛛就大功告成了。这套战术屡试不爽，特别是在松软的土壤中更是百试百中。在这种恶劣环境的逼迫下，塔蓝图拉毒蛛要么受惊舍洞而去，要么顽固地以其背部来抗拒刀锋。如果蜘蛛采取第二种态度，继续顽抗，我会用刀把泥土连同顽抗的蜘蛛一同挑出来，然后轻松将之捕获。用这种方法，有时一小时能捕到十五只塔蓝图拉毒蛛。而有的时候，塔蓝图拉毒蛛识不破我的陷阱，那就更不用花那许多工夫去想办法堵后路了。我只需把诱饵伸到洞穴深处，蜘蛛就会跟着麦穗一同舞动；我向外抽回麦穗，这个趴在麦穗上的蠢家伙就会被一同带出来。据说阿普得亚的农夫也常用这一招来捕获塔蓝图拉毒蛛：他们会在蛛穴处用一根燕麦穗模仿昆虫的声音。

塔蓝图拉毒蛛给人的第一印象是可怕，特别是当脑海中浮现出它那凶猛的撕咬和狰狞的外表时，更是让人不寒而栗。然而在实验室里我却经常发现塔蓝图拉毒蛛特别容易驯服。一八一二年五月七日，在西班牙瓦伦西亚我逮到一只普通蜘蛛大小的塔蓝图拉雄蛛。当时我并没有伤害它，而是把它囚禁在一个玻璃罐中，用一张纸封起来。当然我在纸上开了一扇活门。在玻璃罐底部，我放了一个纸袋，作为它的居所。

为了观察塔蓝图拉毒蛛的一举一动，我把玻璃罐放在卧室桌子上。它很快便习惯了囚徒生活，最终也习惯了到我手上吃现成的小飞虫。用上颚的毒牙杀死猎物后，它像大多数蜘蛛一样并不满足，还会吮吸死虫的头：它用触须把飞虫肉片塞进嘴里嚼碎，把渣子吐出来，并把住处清除干净。几乎每次进餐后，它都要整理一下仪容，譬如用前腿上的跗节把触须和上颚里里外外清洗干净。做完这一切之后，它又重归安静。傍晚和深夜是它外出散步的好时候，我经常听到它不耐烦地抓挠纸袋的声音。蜘蛛所表现的这种习性证实了我的一个观点。我曾在另外一本书中指出：无论是晚上还是白天，大多数蜘蛛都看得见东西。

六月二十八日，我的塔蓝图拉毒蛛开始蜕皮了。这是它最后一次蜕皮，模样没有改变：表皮的颜色依旧，身材也没有什么变化。七月十四日我不得不离开瓦伦西亚外出一趟，七月二十三日回来。在这段时间内，塔蓝图拉毒蛛没有进食，然而令我惊异的是，当我回来时它看上去仍很健康。八月二十日，我又因有事外出了九天，虽然我的囚徒对挨饥受饿很厌烦，但是中断进食对它的健康却没有什么影响。十月一日，我再次因为外出而中断了喂食，以为像前两次一样，回来后会见到蜘蛛仍安然无恙。十月二十一日，由于我们打算在离瓦伦西亚五十英里的某地待上一段时间，我就打发一个人去取塔蓝图拉毒蛛。但是很遗憾，派去的人回来告诉我，塔蓝图拉毒蛛不见了。从此以后我再没有它的消息，它就像从地球上消失了一样。

最后，我只能用一段文字来结束我对塔蓝图拉毒蛛的观察。这是描述塔蓝图拉毒蛛之间惊人的打斗场面的文字。

有一天，我逮到了很多只蜘蛛。为了看一场殊死搏斗的好戏，我挑选出两只已完全发育成熟的强壮雄蛛，把它们放进同一只大玻璃罐中。开始，两只蜘蛛沿着角斗场走了好几圈，试图避开对手，但是经过最初的试探之后，它们就好像听到了发令枪声一样，现出腾腾杀气。它们并没有马上猛扑上去撕咬，而是仍然保持一段距离，最后竟然都一屁股坐在后腿上。这是为了保护自己的胸膛免遭对方攻击。它们相互对峙了大概两分钟，毫无疑问，在这期间彼此焕发了斗志。两分钟刚过，几乎同时，两只蜘蛛一跃而起，向对方猛扑过去。它们各自舞着长腿缠住对方，顽强地用上颚的毒牙撕咬。不知是疲劳过度还是依照惯例，角斗暂停了。双方从各自角斗的位置上撤退下来，但是都保持威慑状态。

这种情况让我想起了猫之间奇怪的争斗，因为猫在争斗过程中也存在休战状态。当两只塔蓝图拉毒蛛又重新投入角斗时，厮杀更加惨烈。最终，角斗失败的一方会被胜利的一方从场心抛出。它必须承受失败的厄运：它的头颅被撕开，成为征服者口中的美食。在这场令人惊叹的大决斗之后，我留下那只得胜的塔蓝图拉毒蛛达数周之久。

在我的实验室并没有普通的塔蓝图拉毒蛛，这种蜘蛛的习性将在狼蛛的特点中介绍。但是我有一种非常奇怪的蜘蛛，个头与黑肚皮塔蓝图拉毒蛛或纳博纳狼蛛差不多，跟其他种类的蜘蛛相比，个头要小一半。它的下身就像穿了一条黑色的天鹅绒裤子，腹部还有褐色的波浪饰边，腿上则缠绕着灰色和白色的圈纹。它的家十分招人喜爱。通常它把家安在干燥的、铺满百里香叶的卵石小径上。

在我的实验室里分布着大约二十个蜘蛛洞。每当我匆匆路过任何一个蜘蛛洞时，都要停下来看一眼这些发光的小洞。这些蜘蛛的四只大眼睛，或者说是它的四个望远镜，像钻石一样发着光。另外四只小一点的眼睛，则藏在深洞里无法看到。如果时间充裕，我还会走出家门，到离家几百码远的邻近的山上走一走。这里过去是一片茂密的森林，现在却有一点儿凄凉，只剩下蟋蟀在啃嫩草，穗即鸟则在光秃秃的石头之间飞来飞去。人类对物质利益的盲目追求糟蹋了这片土地：因为葡萄酒价格不菲，当地的农民就把这片森林砍掉种上了葡萄，然而根瘤蚜虫一来，葡萄藤就枯萎了。一山的绿荫变成了荒凉的不毛之地，只有鹅卵石间钻出的生命力极强的几缕青草还在抽条返青，显出一点生命的绿色。

这块废弃的土地成了狼蛛的乐园：如果需要，一小时之内我就可以在一块指定的小地方找到上百个蛛洞。这些洞深约一英尺，开始一段是垂直的，然后像人的手肘一样拐了个弯，通向人看不见的深处。洞的直径大约是一英寸。洞口通常会有一个榛子大小的圆栏。这是蜘蛛用稻草以及各种零碎材料，甚至小鹅卵石做成的。圆栏建成后，蜘蛛就用丝把它包起来。蜘蛛通常会把附近的干草叶拖到一块，吐出丝，把它们束在一起。虽然利用的是草茎，但草叶却也无需去除。有时，它并不用草茎来做圆栏主架，而是用一些小石头来搭建。

总之，蜘蛛能就近采集什么材料就用什么材料，并没有选择的余地。这种节省时间的做法，会导致圆栏的防御墙因建造材料的变化而呈现多样性，高度也会各不相同。有时一堵防御墙就像是一个一英寸高的炮楼，有时却只相当于一个圆物件突出的边缘。相同的是，它们都是用蛛丝牢固地搅合起来；宽度与地道的宽度是一样的，因此是比较宽敞的。当我们从洞口，也就是塔蓝图拉毒蛛为了活动腿脚而在塔楼上特设的平台向里张望时，我们看不到蜘蛛庄园的里外直径有什么差别，事实上两者也是相同的。

黑肚皮的塔蓝图拉毒蛛在建造洞穴时所遇到的困难也不尽相同。如果地表层是松土或其他相同的土质时，蛛洞的形状就可以任意选择而不受拘束，一般来说它愿意采用圆柱试管状。但是当地表层卵石含量较多时，它就不得不按照石头的分布状况来修洞穴。这样建造出来的洞穴通常表面不平整，形状更是拐弯抹角，但是由于可以直接把坚硬的石头当作内墙，蜘蛛也落了个轻松自在，省掉了许多挖掘时间。不管洞穴形状是规则的还是不规则的，蜘蛛都会在四壁布上一定厚度的丝。这样做有两个目的：一是防止泥屑掉落，二是可以迅速爬出洞外。

邦利利用他那并不熟练的拉丁文告诉我们怎样去捕捉塔蓝图拉毒蛛。我是这种方法的忠实采用者：我在塔蓝图拉毒蛛的洞口轻轻挥舞麦穗，模仿一只蜜蜂"嗡嗡"的叫声，吸引它的注意。蜘蛛以为猎物就在洞口，就会猛冲出来。但是我从来没有成功过。受此声音的诱惑，蜘蛛的确会从地表深处的房间里爬出来，但是它并不轻易扑出洞口，而是张望探视。这个诡计多端的家伙很快识破了我的伎俩，又惊恐地逃回地底下的老窝。它的老窝通常在横道中，非常隐蔽，从外面根本看不到。

李奥·杜弗在一本书中介绍的另一种方法似乎更为可行，前提是要控制好自己的动作，沿着洞中通道的方向迅速将一把小刀插进洞，截断已经被麦穗吸引却不肯出洞的蜘蛛的退路。如果土质帮忙，你的手法又小心熟练的话，成功的希望是很大的。不幸的是，并非一切尽在你的掌握之中！有时候，你把小刀插进去，碰到的却是坚硬的石头，因此必须另寻良策。

对付塔蓝图拉毒蛛，以下是经过验证最为有效的方法，我把它们介绍给未来的捕猎手：把一根头部绑有麦穗的植物主茎伸进蛛洞，不断地旋转、移动。塔蓝图拉毒蛛被这个突如其来的东西骚扰一番后，出于自我防御的考虑，很可能会咬住麦穗。当你手指感觉到有点儿重量以后，就说明猎物已经上钩了，塔蓝图拉毒蛛已经用毒牙咬住了主茎顶部。这时轻轻地、缓慢地、小心地把主茎向外拖，蜘蛛会跟着主茎从洞中一起被拖出来。

当蜘蛛开始进入垂直通道时，我会尽量找一个地方躲起来，不让它看到。只要看到我，这个狡猾的家伙就会松开嘴巴，溜回老窝。慢慢地蜘蛛被诱拖至洞口，此时是最关键的时刻——如果继续轻轻向外拖的话，蜘蛛会感觉到它已经被拖出家门了，不安全感会使它转身入洞，而我就会竹篮打水一场空。用这种办法把这个生性多疑的家伙拉出洞来是不可能的。因此当蜘蛛到达地面时，我会把主茎猛地向外拖。蜘蛛被这动作惊呆了，来不及松开牙齿，就被提出了洞口。这时要捉住它就是轻而易举的事了。

一旦身处户外,蜘蛛就胆小如鼠,根本没有逃跑的能力。你可以把它装进一只纸袋并封上口子。把咬住麦穗的塔蓝图拉毒蛛拉出洞外需要一点耐心,而以下方法却得来更快:我费尽心思捉到一些笨拙的蜜蜂,把其中一只放进一只小瓶,瓶口足以盖住蛛洞入口,然后我把瓶子倒过来盖在洞口,作为诱饵。蜜蜂开始时在玻璃瓶中鼓动双翼,发出"嗡嗡"的声音,以示抗争。当它发现蛛洞与它的家相似时,它就会义无反顾地一头钻进洞里。

然而此举是非常不明智的:因为当它飞下去时,蜘蛛也正从洞里匆匆向外赶;它们通常会在垂直地段狭路相逢。过一会儿,你就会听到从地下传来的声音,是那只笨蜜蜂抗拒蜘蛛的撕咬发出的"嗡嗡"声。然后伴之而来的便是长长的沉默。这时,我就移开瓶子,将一把长镊子伸进洞去。镊子夹出来的首先是一只死蜂,显然刚才发生了一场令人恐怖的悲剧。蜜蜂的尸体夹出来以后,紧随而来的便是蜘蛛,这个贪得无厌的家伙,实在舍不得这么一顿丰盛的饭菜。这个猎手就这样被带到洞口。有时,多疑的蜘蛛还是会丢下猎物重返洞里,但是我们只要把蜜蜂的尸体置于离洞口数英寸的地方,静待几分钟,蜘蛛又会离开堡垒,再次捉住猎物。就在此时,它的洞门却已经被猎手的手指或一块卵石挡住了。

我用这种方法并不是为了捕捉塔蓝图拉毒蛛。我对用瓶子养蜘蛛毫无兴趣。我感兴趣的是另一件事。当时我想邀请的是一个只管自己的雌猎手,它通常不为后代准备足够的食物。它捕到的猎物,往往都填进了自己的肚子。它不是一个"克制"的蜘蛛,不会采用理智的用餐方法,将猎物保留好几个星期,每次只吃一小部分；它是一个杀手，在搏斗现场就吞食了猎物。对于它来说，不存在什么慢条斯理的活体解剖，也就是说它根本不会给猎物反应的机会，而是尽可能快地争取一招致命。这样，攻击者在攻击时受对方伤害的可能性就降至最低了。此外它的捕猎游戏动作大，有时也凶险无比。

这个塔蓝图拉毒蛛平时埋伏在塔楼里，静候值得它一试身手的猎物出现。那些个子大爪子有力的草蚱蜢、性情暴躁的大黄蜂、笨拙的蜜蜂，以及其他一些佩带毒剑的家伙，不时地跌落于它的伏击圈之中。此时参与决斗的双方在武器装备上可谓旗鼓相当：狼蛛用有毒的尖牙撕咬，黄蜂则还之以有毒的"利剑"猛刺。决战双方到底谁能笑到最后呢？这场争斗的胜利实在是难以预测。

塔蓝图拉毒蛛没有保护自己的第二招：既没有用来缠住对手的丝绳，也没有什么诡计可用。我们知道，当昆虫被捕猎网缠住时，园蛛会迅速吐出漫天的蛛丝把猎物层层罩住，使猎物根本来不及抵抗。待猎物被包裹严实后，园蛛用毒牙在猎物身上扎几个洞，然后撤下来，蹲到一边休息，直至猎物不再挣扎，彻底平静下来后，再大摇大摆地返回搏斗现场。这时就没有什么危险了。然而对于狼蛛来说，它的天职似乎就是冒险。除了那一往无前的勇气和锋利无比的毒牙外，它没有任何其他的东西可以利用。在如此不利的情况下去对付那些凶猛异常的猎物，它只有充分发挥自己过人的技巧，才能将猎物玩弄于股掌之间；只有充分运用它极其迅速的杀招，才能一举摧毁它的敌人。

摧毁到什么程度呢？看看我从蜘蛛洞中拉出的蜜蜂尸体，你就应该有一个直观的认识了。一旦"地表深处的哀鸣曲"——也就是蜜蜂那刺耳的嗡嗡声——停止时，我就迅速插入一只镊子。拉出来的昆虫尸体惨不忍睹：吸管低垂，腿脚残缺。当我把蜜蜂的尸体拉出洞口时，它的腿不会有一丝微颤，这场悲剧已经结束了。蜜蜂的死是瞬间发生的事。每一次当我从蜘蛛那令人恐怖的屠宰场拉出昆虫尸体时，都会一次又一次地惊讶，这些昆虫丧命竟如此之快。因为，两种动物在力量上几乎相同：我是从体形最大的熊蜂中挑选蜘蛛的对手的。它们的武器也是不相上下的：熊蜂的"标枪"和蜘蛛的毒牙有得一比，我认为前者的一蜇甚至比后者的撕咬更为厉害。

塔蓝图拉毒蛛究竟有什么绝招，每回都占先机。此外，它又凭什么在如此短暂的激战中，全身而退，毫发未损？它每次都大胜而归，一定用了什么狡诈的招数。虽然它可能趁其不备用毒，但是说什么我也不会相信，仅凭在对手身上胡乱注射一点儿毒液就能产生如此骇人听闻的惨状。即使最毒的蛇，在捕杀猎物时也要斗上几小时才能有这样的效果，而塔蓝图拉毒蛛却连一秒钟都不用，真正称得上杀人不眨眼了。因此，我们应尽力寻找一个合适的说法来解释这种迅速死亡，而不应仅仅着眼于蛛毒的致命性。

关键之处在哪儿呢？在熊蜂身上是不可能找到答案的，它们进了蜘蛛洞，而谋杀又是发生在我们看不见的地方。即使用放大镜，我们也不能在蜜蜂尸体上发现任何伤口，由此可见蜘蛛所用武器之精锐。也许让两个对手面对面攻击更能发现问题，我就经常把塔蓝图拉毒蛛和熊蜂放在同一个瓶子里。没想到，它们竟然互相逃窜，看样子它们都不想成为对方的俘虏。我曾经让它们在一起待了二十四小时，然而令人失望的是，任何一方都没有主动侵犯的意思。表面上看来，它们彼此漠不关心，其实是在拖延时间考察对手的实力，而不会贸然进攻。每次试验总是无功而返。换用蜜蜂或黄蜂与塔蓝图拉毒蛛做实验时，我曾取得过成功。但是激战发生在晚上，因此我还是一无所获。只在第二天早上，发现蜜蜂与黄蜂均被消灭了，最后只能凭塞在蜘蛛上颚的肉冻，才能证明它们曾经存在过。羸弱的猎物成为蜘蛛夜晚的点心。

而面对一只颇具威胁的猎物，蜘蛛并不主动攻击。对被俘的恐惧冷却了猎手的激情。大瓶子这样大的角斗场、两位运动员相互间的敬畏，使得它们彼此保持一定的距离。让我们把角斗场的面积减小，制止它们的"圈地"行为。我们改用一只直径仅供一位角斗士容身的试管。把熊蜂和塔蓝图拉毒蛛放入试管，但结果仍不如愿，它们只发生了一场小小的争吵。如果熊蜂在试管下面，它会以背着地，用腿来抵挡蜘蛛的进攻，没有抽出毒刺。而蜘蛛呢，也用长腿来控制局面，它尽量把身体撑离光滑的玻璃管，并尽可能远离对手。然后，它就会停下来静候鏖战的到来。很快那只粗鲁的熊蜂发动进攻了。

刚开始时应该说是熊蜂占据优势，塔蓝图拉毒蛛只是靠着长腿自卫，左推右挡，使敌人远离自己。总之，两个对手除了激烈地扭打在一起外，并没有其他值得注意的地方。狭小试管中的搏斗一点儿也不比阔大瓶子中的战斗激烈。一旦离开家，蜘蛛就变得胆小如鼠，它几近倔强地拒绝战斗；虽然熊蜂举止轻佻，总是先行挑衅，但事实上，熊蜂也不愿意和蜘蛛进行殊死搏斗。

最终我不得不放弃实验。我们必须强迫塔蓝图拉毒蛛参加决斗，逼迫它拿出在自己堡垒时战斗的猛劲来。当然，我们也不能再用熊蜂了，这个家伙总是一头撞入蜘蛛洞中，使我们观察不便。我们必须找一个合适的替补选手，一个不那么喜欢钻洞的选手。木蜂就是合适的对象。在我这里的蜜蜂中，它体形最大，也最强壮。这种蜜蜂身着黑天鹅绒，扑扇着一对紫纱般轻盈的美丽翅膀，出没于花园，停泊在鼠尾花之上，而它的个头超出熊蜂足足一英寸。它的毒针毒性很强，被它蜇过，皮肤马上就会肿胀，并伴有长时间的持续性剧痛。在此项研究中，我留下了许多珍贵的记忆。后来发生的事也证明，它的确是塔蓝图拉毒蛛的强劲对手。

我成功地让塔蓝图拉毒蛛掂出了木蜂的分量。我把一定数量的木蜂一只只放到玻璃瓶中。瓶子虽小但是瓶颈却够大，足以覆盖蜘蛛洞穴的入口。我挑出来的猎物很凶猛，足以对雌猎手造成威胁，而我选出的猎手更是百里挑一。我选择那些最强壮、最勇敢和最饥饿的毒蛛作为猎手：我把绑有麦穗的植物主茎伸进蜘蛛洞。如果它行动迅速，如果它体形高大，如果它有足够的勇气爬到洞口，它就具备了成为一名优秀猎手的资格；如果它做不到以上几点，它就没有资格参加游戏。

在选定了角斗的选手后，我把一只装有木蜂的瓶子倒过来盖在已选定的蜘蛛的洞口处。蜜蜂在玻璃瓶中"嗡嗡"直叫，如临大敌；而雌猎手则从洞穴神秘的深处往上爬，赶到入口停下来等待观望。我也在等待。十五分钟过去了，三十分钟也逝去了，仍没有发生任何事情。蜘蛛转身往回走，可能它认为在这种情况下出击太危险。然后我试第二个、第三个直至第四个蜘蛛洞，情况仍然没有改变：塔蓝图拉毒蛛拒绝离开它的安乐窝。

然而因为我坚持不懈，幸运终于向我微笑了。而这之前我差点就要放弃了，特别是暑天酷热难耐，我几乎丧失了继续试验的勇气。有一只勇敢的蜘蛛突然冲出洞来，毫无疑问，它一定是因为长期不能出门捕食而激起了战斗的雄心。眨眼间，悲剧在玻璃瓶里发生了：不可一世的健壮的木蜂战败身亡。凶手究竟在何处给了死者以致命一击呢？现在可以清楚地回答这个问题了：塔蓝图拉毒蛛在行凶以后并没有马上逃走，它的毒牙仍深深地插在木蜂颈背上。这个杀手果然具有我所推测的本领：总是能击中要害，将毒牙刺进猎物的神经中枢。总之，猎物身上只留下一个伤口，一个快速致命的伤口。

看到这种杀戮技巧，我很高兴，连被日光曝晒出的水泡也似乎好了一些。但偶然事件并不等于惯常事件，俗话说"一燕不成夏"，轻率地以偏概全必成大错。我所见的究竟是偶然的，还是真正有组织有预谋的谋杀行为呢？

我又实验了其他的狼蛛。但耐心地试了许多只以后，我发现，没有一只愿意从洞里冲出来，去攻击那些木蜂。它们的胆子太小，不敢接受可怕的挑战。那么什么才能让狼蛛跑出树林，让塔蓝图拉毒蛛冲出洞穴呢？只有饥饿。显然，如果这些蜘蛛像前一只一样饥肠辘辘，一定会向蜜蜂猛扑过去，谋杀场面也将在我眼前重演。而猎物的后颈上会再次留下伤口，于瞬间丧命。在我提供的相同条件下，这些杀手都会犯罪。

从早晨八点至午夜，又有两次谋杀发生，证实了我的结论。我认为，我所看到的已经足够证明我的推论。这个身手敏捷的昆虫杀手，已经暴露了它的杀虫秘诀：它向我展示了南美大草原的屠夫所拥有的精妙的捕杀技巧。不过我还需做室外实验，而不仅仅是几个室内实验。因此，我收集了一些毒蜘蛛，并把它们放到瓶子中养起来，用来观察蜘蛛毒牙咬猎物不同部位的伤害效果，以及毒液的毒性。我用前文的方法捉了几只蜘蛛，分别放进事先准备好的十二只瓶子和试管。我的实验室里满是这些狰狞古怪的狼蛛，哪位突然看到，恐怕会连声尖叫。虽然塔蓝图拉毒蛛蔑视对手，或者担心进攻的后果，但是对于送到嘴边的肥肉，它也不会有丝毫犹豫，马上使出毒牙咬一口。因此当我用夹子夹住昆虫，把昆虫的胸部送到蜘蛛嘴边时，如果它还没有对实验厌倦，就会立刻亮出毒牙刺向猎物。

我首先是用木蜂做实验品，观察被蜘蛛咬后的结果。当蜜蜂的脖子被蜘蛛的毒牙刺过后，马上就命丧黄泉。这是我在蜘蛛洞口亲眼见到的。而当蜜蜂的腹部被蜘蛛毒牙刺伤后，我立即把它放入一只大玻璃瓶中，并松开镊子让它自由活动。这一次，一开始蜜蜂还像没受重伤一样，行动与平时没什么两样。它依然鼓动着双翅"嗡嗡"地叫。然而三十分钟不到，死神就把它带走了，只剩下一具躯壳静静地仰卧或侧卧在瓶底。或者三十分钟后它的腿还在颤动，腹部还在轻微地抽动，虽然生命尚未终结，但这垂死的蜜蜂顶多只能坚持到第二天。实验得出相同的结论，我不得不相信：强壮的蜜蜂被蜘蛛的毒牙刺中脖子时，会当场丧命，蜘蛛就不必害怕蜜蜂的危险反抗。而蜜蜂的其他地方，如腹部被刺中时，至少还能支撑半小时，也就能利用"标枪"——上颚或腿来进行报复，也能让狼蛛吃点苦头。

这种现象我也曾看见过。有时蜘蛛在用毒牙刺蜜蜂时离蜜蜂的毒刺太近，反而被蜜蜂的毒刺所伤，二十四小时后就会毒发身亡。

因此，在对付这种危险的猎物时，蜘蛛须用毒牙刺中猎物脖子上的神经中枢，让它快速死亡，否则，蜘蛛的生命就会受到威胁。

蚱蜢目昆虫是我实验中的第二种牺牲品。我使用了和人的手指一般长短的绿蚱蜢和大头蝗虫。这些昆虫被蜘蛛咬了脖子后，出现同样的结果：它们迅速丧命。而其他部位，特别是腹部被咬，它们都能咬牙撑过一段时间后才死亡。我曾亲眼看到，一只蚱蜢被蜘蛛咬中腹部后，顽强与死神抗争了十五个小时才平静地告别生命。开始它也试图爬出瓶去，然而钟形实验瓶的直壁成了囚禁的狱墙，最终它从光滑的瓶壁上掉下来毙命。

蜜蜂这样细小的生物被咬后，不到半小时就会停止抗争，而蚱蜢这种粗壮的反刍动物，却能坚持一整天。如果不考虑不同生物器官的敏感度，我们可以得出如下结论：如果一只昆虫的脖颈被塔蓝图拉毒蛛咬中，昆虫会当场丧命，即使它体形巨大；假使咬中的是身体的其他部位，最终昆虫仍会死亡，但是要过一段时间才死，而时间长短则随昆虫的不同而不一样。这就解释了为什么爬出洞的塔蓝图拉毒蛛在面对那些肥硕诱人但却危险异常的猎物时，会在洞口犹豫一长段时间，这段时间对于实验来说实在令人烦恼无比，又无计可施。它们拒绝攻击的主要对象是木蜂。

事实上，仅凭勇猛是不能捕捉到木蜂的：如果蜘蛛没有抓住机会给予致命一击，而是胡乱在木蜂身上咬一口的话，它的生命就会受到垂死挣扎的木蜂的威胁。只有后脖颈才是最脆弱的部位。只有咬中后脖颈才会使对手立即死亡，而咬中其他部位均不会产生这样的效果。如果不立即置木蜂于死地，那就意味着它将受到激怒，变得更危险。显然蜘蛛深谙此中道理。因此它会看准一个最恰当的时机，以洞穴入口作掩护而迅速撤退，幸运的话，它会轻而易举地咬中大蜜蜂的脖颈，可以从容地目睹那庞然大物在它面前轰然倒地，再迅速扑上前去吃食。如果情况不妙，出于对暴戾猎物的惧怕，它就会躲进洞去。这就是我要变换两个观察点，并在每个观察点花上四个小时观察三次塔蓝图拉毒蛛捕杀猎物的原因。

以前，受到昏迷黄蜂的启发，为了麻醉昆虫，我曾试图给一些小昆虫注射氨水，如象鼻虫、吉丁虫、金龟子，它们严密的神经系统使我的生理学实验非常成功。我像一名小学生准备聆听老师的讲课一样，谨慎认真地为吉丁虫、象鼻虫注射麻醉剂。为什么今天我不能模仿这位专业杀手——塔蓝图拉毒蛛呢？于是我用一个细针筒，把氨水注入木蜂或蚱蜢的头盖骨底部。很快这些昆虫便挺不住了，除了自然地抽搐几下之外再没有其他动作。在受到如此刺鼻的液体攻击后，它们的颈部神经节停止了工作，然而，它们并不会立即死亡，剧痛会折磨它们一段时间。这个实验结果并不完全令人满意。为什么注射氨水的昆虫不会立即死亡呢？这是因为，我所用的氨水的致命性根本不能与蜘蛛毒液的毒性相比，至于狼蛛的毒液有什么令人害怕的毒性，看看下面的文章你们就会有所了解了。

我故意让塔蓝图拉毒蛛在一只正欲离开鸟巢学习飞翔的小麻雀腿上咬了一口。被蜘蛛咬过的伤口马上流出了一滴血；刚开始时伤口是一圈微红色，然后变为紫色。这只鸟儿的伤腿立即就瘫痪了，不能运动，只能靠身体其他部分来拖动，而脚趾则肿胀成平时的两倍。小鸟只能用另一只脚单腿跳跃。除了这些，小伤员似乎并没有其他不适，胃口也很好。我女儿还喂它吃小飞虫、面包屑和杏仁肉。它状态良好，重新恢复了力量，连那条为科学而牺牲的腿仿佛也将恢复健康——当然这仅是我们的一厢情愿。十二小时后，治愈的希望越来越大，伤员也愉快地进食，如果我们喂食动作慢了，它甚至会像婴儿般哭闹。但是它的腿仍然不能行动，于是我暂时麻醉它的伤腿。两天以后，它开始拒绝进食。小麻雀用皱巴巴的羽毛把自己包裹起来，缩成一团，没有任何动静，只是不断地抽搐：它在拒绝死神的到来。女儿把它捧在手心里，用呼出的热气来温暖它。然而抽搐变得越来越频繁，最后一阵喘息后，一条生命消失了。

那天我们全家人进晚餐时，气氛非常沉默冷淡。从家人紧闭的双唇中，我听到了责备，因为我的实验都是在他们眼皮底下完成的。我也听到了他们对我的残忍的无声控诉。显然，那只不幸的小麻雀的死令我的家人十分悲痛。我的良心也并非没有一丝不安：为了这么一点儿成功，我付出的代价显然太大了。尤其是，我并不是那种对一切都无动于衷的人，无缘无故就把活生生的狗开膛破肚。然而为了科学，我却鼓足勇气，又用鼹鼠来重新开始实验。

那只鼹鼠是在莴苣地里被我捕获的，很能吃，要让它待上一些日子，你就要备下足够的口粮，不然它会有饿死的危险。在实验过程中，我必须每过一段时间便为它提供一顿适量的饭菜，不然，纵使它不会因伤而死，也会被活生生地饿死。因此实验之前我不得不想办法让小囚徒在实验过程中维持生命。我将鼹鼠装进一个大容器，不让它轻易脱逃，还备有多种昆虫供它享用：甲壳虫、蚱蜢，特别是蝉，这些昆虫都是它的美食。在观察鼹鼠二十四小时之后，它良好的状态使我确信鼹鼠对我定的菜单非常满意，正在享受它的囚禁生活。然而天下没有免费的午餐，我终究还是让塔蓝图拉毒蛛在它鼻尖咬了一口。被咬之后，鼹鼠总是用爪子抓搔鼻子。它感觉那地方像被火烧过一样，又痛又痒。从那以后，每餐按定量摆到它面前的蝉它吃得越来越少；到了第二天晚上，它甚至开始拒绝吃任何东西。受伤后大约三十六小时，鼹鼠便死了，显然它不是饿死的，因为容器内至少还有三只活蝉和一些甲壳虫。因此我们可以说，对昆虫或其他动物来说，黑肚皮塔蓝图拉毒蛛的致命一咬都是危险无比的。它对麻雀是致命的，对鼹鼠来说无疑也是致命的。

根据前述实验，我们能得出什么观点呢？我还不知道，因为我的实验仅止于此，没有再进一步。但是，从我所观察到的这些情况便足以判断，被蜘蛛咬中不是一件小事，我们切不可等闲视之。这就是我要告诫医生的话。对于那些讲究理论的昆虫学家，我还有一些别的话要说：我不得不请求你们把注意力集中在这些昆虫杀手们的高超技术上，这家伙的技艺足以与"麻醉师"的技艺相媲美。

在这里我用的是"昆虫杀手们"，这是因为塔蓝图拉毒蛛得与其他种类的蜘蛛，特别是那些捕猎从不用蛛网的蜘蛛共享这一"美誉"。这些昆虫杀手以捕杀猎物为生，它们通常给猎物脖颈上的神经中枢以致命一击，使猎物迅速死亡；而"麻醉师"为了保证幼虫食物的新鲜度，只是刺中猎物脖子的神经中枢，使之不能动弹，处于麻醉状态。虽然两者均是攻击猎物的神经中枢，但是捕获目的的不同，使它们选择不同的攻击地点。昆虫杀手要置猎物于死地，消除对自身的危险，攻击的是猎物的脖子；"麻醉师"只想麻醉猎物，它根据猎物的特殊生理结构，不攻击脖子而选择脖子以下的部位，有时只攻击一处，有时攻击三处，甚至是猎物全身，这要根据猎物的生理结构来定。"麻醉师"们，至少它们中的一部分，对脖子神经中枢的重要性是十分清楚的。

我们曾见过咀嚼毛虫头的沙蜂，也见过使劲撕咬螽斯脑袋的绿泥蜂，它们只是为了使猎物不能行动，所以这只能算是攻击脑袋，甚至是某个不致造成过大损害的部位。它们小心翼翼，不让自己的毒针刺伤这些猎物的重要部位。它们从未想过要用毒针来杀死猎物，因为它们的幼虫不喜欢吃死尸。只有蜘蛛喜欢把自己的匕首四处乱刺，而且专挑那些要害部位，以此激起剧烈反抗。它们要迅速消耗对手的体力，得到粮食，它们将毒牙扎进别的动物小心避开的部位。如果以上这些巧妙而科学的杀招不是蜘蛛的本能，而是后天养成的习惯，那我实在想不出这是如何养成的。自然法则虽已存在，但事实不容否认，无论如何，理论的迷雾是遮盖不住事实的。

虎纹园蛛

导读：很多蜘蛛结网谋生，它们稳坐"八卦图"中等待猎物。虎纹园蛛就是这样一种蜘蛛。作为自然界最善于织网的生灵，它还会为繁衍后代织出令人赞叹的丝囊。

在一年中最寒冷的季节，昆虫们无所事事，纷纷向这三个月挥手说再见，躲到隐蔽、舒适的地方享清福去了。因此，观察者只能在温暖的天气里，到一些偏僻地方才能觅得这些昆虫们的行踪。比如，沙砾之中，石块底下，或断枝残桩堆里，只要坚持不懈，你总会有一些惊喜，就像一件精美的艺术品突然撞入眼帘，让你激动不已。我认为，幸福就是如此简单，没有比找到宝库、抱负得以实现更让人感到幸福的事了。希望生活的烦恼，甚至生命的迅速衰老枯萎，也不影响你享受这个宝库曾经给予我，或仍将带给我的快乐，希望这种快乐能伴随你左右。

在柳林和矮树丛下的杂草中仔细搜寻，你就能享受到发现精彩世界的幸福时刻。我眼中的精彩世界就是虎纹园蛛的小屋，这是一件由屋主人精心创造的艺术品。

根据生物分类，蜘蛛并不算昆虫，因此园蛛似乎不该长成这样。但它无视这种自然分类。这正如动物有八条腿而不是六条腿或有肺囊而不是气管一样，对于学生来说这种严格的区分是不重要的。蜘蛛属于节肢动物，即肢体成节状结构，这种结构在"昆虫"和"昆虫学"的定义中也有表述。以前，为了便于描述，人们称它们为"节肢动物"，这种称法没有触及这种矛盾，而且浅显易懂。但现在人们已不用了，他们改用一个浮华的术语"节肢动物门"。想到有人提出这种称谓是否有真正意义上的改进，我真想骂上两句！起初，他们用"节肢"，然后又抛出"节肢"，你从中可以看到动物学仍在原地踏步！

从仪态和肤色上来看，园蛛无疑是南方蜘蛛中长相最漂亮的。腹部饱满鼓胀，像一个大货舱，足有一个榛子那么大，黄黑银三色交织，为它系上了色彩斑斓的腰带，因此我们用了一个"虎纹"来描述。沿着它的肥腰，均匀分布着八条修长的腿，腿上有着隐隐的淡褐色圆环，看上去就像是八条强壮的辐条向四处发散。

它喜欢以各种小猎物为美食；在蝗虫蹦跳，飞虫盘旋，蜻蜓舞蹈抑或是蝴蝶蹁跹（piánxiān，形容旋转舞动）的地方，只要能找到织网的"脚手架"，它就会安顿下来。有时候为了取乐，它来往于溪水的两岸，穿梭于疾淌的流水之中。偶尔它也会把网织在常青的橡树丛中，或搭建到郁郁葱葱长满灌木的斜坡上，因为那里有它最爱吃的蚱蜢，但它并不经常愿意这样辛苦劳作。

一张垂直的大网，便是它猎取食物的武器。网的结构根据场地的不同而有所变化。网的四周紧紧地挂在邻近的树枝上，仿佛无数个船锚一般，网稳稳地停泊在树与树之间。其他织网蜘蛛也用这种结构：以某一点为中心，丝以同等的间距向外散开分布。然后在这个框架上，蜘蛛继续吐丝，从中心到四周形成主丝干或横梁，最后织成了一张大而均匀的网。

在垂直悬挂的网的下部，有一条宽宽的不透明的丝带，以中心为起点呈"之"字状往下直至网的边缘。这一条装饰花线是园蛛的招牌，表现了这位艺术家非凡的创造力。它织完绣品上的最后一根线时，仿佛告诉人家说："这是某某蜘蛛所作。"因此我们完全能肯定，在无数次来往奔走之后，在织完最后一道丝线时，它肯定是心满意足的：因为这意味着它可以好几天衣食无忧。

但是，这种自负偶尔也会使它一无所获，因为过大的"之"字花饰非常影响网的坚固性。另外有时候猎物的抵抗会出奇的剧烈，因此网的坚固性也常常面临这种严峻的考验。园蛛并不主动选择猎物，而是端坐在网中央，尽量伸直八条长腿，感受网上任一方向的细小震动。

它总是充满耐心，静静地等待幸运的降临。也有一些弱小的蜘蛛不能控制战局，虽然缠住了猎物，但在强壮猎物的强劲冲击下，很快就失去了控制权。特别是陷入蛛网的蝗虫，性情凶猛，会伸出它那富有弹性的长腿乱蹬一气。落网的蝗虫可能认为凭它的力量足以震慑住蜘蛛。蝗虫的腿就像装了尖尖的马刺一样，一阵乱踢乱蹬，很可能挣破蜘蛛网，从而逃脱，捡回一条小命。

但是蝗虫也不一定每次都能安然脱身。如果它一开始使出浑身解数的话，很可能就会命丧黄泉。捕猎过程中，园蛛有时会猛地翻过身来，迅速用背部的毒刺——它的刺就像玫瑰花刺一样尖锐——刺穿猎物的胸膛。园蛛的吐丝器在后腿之间。它的后腿比其他腿要长，呈圆弧形分开。就这点来说，园蛛真该感谢上帝赐与它如此精巧的身体结构。这样，它吐出的丝不仅能四处延伸，而且不再是一根根的，而是一股股，一团团，像彩虹一样浓密，最后把猎物牢牢裹在里面。

在捕食过程中，蜘蛛会向猎物猛喷丝雾，同时，把猎物颠来倒去，绑得密不透风，直至猎物俯首就戮（低下头等待被杀。戮，lù，屠杀的意思）。

古时候的角斗士在对付猛兽时，总是左肩扛着一张叠好的绳网来到角斗场。当猛兽猛扑过来时，角斗士会像渔夫一样，迅速用右手掷出左肩上的绳网，把猛兽罩住，再拉紧绳网，最后象征性地一刺，表示他战胜了敌人。

园蛛捕食时与角斗士斗兽时所采取的方法非常相似。它总是用自己喜欢的方式，这种性格使它的进攻套路总是不停翻新。一种办法不对路，马上使出第二招、第三招，直至吐尽最后一缕丝。

当猎物束手就擒，垂头丧气地困在网中后，园蛛终于可以停止进攻。只见它如一个得胜将军，缓步踱向囚犯。它还有一个撒手锏（原指小说中搏斗时出其不意地用锏投掷敌人的招数，比喻最关键时刻使出的最拿手的本领或击其中要害的手段。锏，jiǎn），那可是比海神的三叉戟还锐利的武器——毒牙。它先用毒牙咬蝗虫，但旋即松开，退到一旁，看着猎物在无比悲哀之中慢慢失去知觉。然后，它开始游戏：从不同的地方吮吸猎物体内的液体。最后，当蝗虫剩下一具干尸，激不起它的任何兴致以后，园蛛就把它丢出网外，重新爬回网中央埋伏起来。

其实，园蛛所吮吸的不是尸体，而是一具仅仅处于麻木状态的昆虫活体。如果我把一只被蜘蛛咬过的蝗虫立即解救出来的话，这个家伙又会恢复生龙活虎的样子，好像从来没有受过伤。因此，蜘蛛在吮吸猎物的汁液前并没有痛施杀手，它只让猎物处于昏迷之中，无法行动。也许这种人道的咬法更刺激它吸取猎物汁液的欲望。也有可能，尸体的体液是停滞不动的，并不能积极地对吮吸作出反应。蜘蛛们更容易从一具鲜活的身体中抽取体液，因为那是四处奔流的。

也许死在它嘴里的牺牲品数量令人震惊，但嗜血的园蛛仍讲究斗士的艺术，尽量克制自己不用毒针。肥胖的灰蝗虫，体健力强的蚱蜢，即使是面对这些长相威猛的昆虫，蜘蛛也面无惧色，只要它们一昏迷，就会被蜘蛛吸干体液，成为僵尸。但是不小心撞入网中的巨型昆虫往往能撕破蛛网逃命，因此蜘蛛很少能够捕到这种昆虫。有时，我会故意捉一些昆虫放入蛛网，然后让蜘蛛完成余下的任务：毫不吝惜地吐丝，毒昏猎物，吸干猎物。

园蛛使用毒针的次数越多，成功捕获大猎物的次数也越多。但是我还见过比虎纹园蛛干得更漂亮的。这一回我研究的是纺丝园蛛，这种园蛛有着宽阔的、布满花纹的银色腹部。与其他蜘蛛一样，它结的网面积也很大，垂直悬挂着，也有一条"之"字形标志性丝带。在研究时，我把一只苦苦哀求的螳螂放到它的网中。螳螂进化得很好，能随着环境的变化而随意改变肤色，因此，总能逃脱攻击者的魔爪。

无论是温顺的蝗虫，还是凶猛的魔王，蜘蛛已经没有机会选择。而这只螳螂只稍举起它的刀锯就可以划破蜘蛛的肚皮。蜘蛛敢不敢接受挑战呢？这回，蜘蛛并没有立即发起进攻，而是静静地端坐于网中央，默默地积蓄力量，以对付这个令人生畏的猎物；它将耐心地等到猎物的肢体被丝密密地缠住为止。

终于，它发动进攻了。而同时，螳螂把肚子缩成一团，竖起双翼像高高扬起的船帆，并张开嘴露出锯齿般锋利的牙齿，总之，它用魔鬼般可怕的神态向它的敌人宣战。然而蜘蛛并没有被螳螂凶神恶煞的样子吓倒。它一边倾尽全力向螳螂身上猛吐蛛丝，一边尽量张开背上的毒刺猛刺猎物，为了制服眼前的大敌，它几乎用尽了吃奶的劲。螳螂可怕的锯齿和杀伤力极强的长腿被蛛丝团团围住，立起的螳螂翼也消失在厚密的蛛丝里，但是它凶恶的姿态依旧。

　　就在人们认为螳螂大势已去时，这个似乎已经被五花大绑的家伙突然猛地一扎，蜘蛛还没来得及抵抗，就从网上跌落下去。当然蜘蛛跌下网只是一个意外：一般情况下，蜘蛛会从吐丝器中立即吐出一根丝，像保险绳一样将身体吊在空中，从而安然脱离危险。当场面平静之后，它便会收紧保险绳，重返网中。挂在空中的蜘蛛须收紧大肚子和后腿。这会影响丝的供应，此时吐出的丝就会变得细软。所幸战事已经结束了，那头凶猛的猎物已经被蛛丝层层捆扎，看不到了。蜘蛛也不用再咬上一口就鸣锣收兵了。

　　为了捕获这只可怕的猎物，蜘蛛吐尽了它的库存，这些蛛丝加起来足够搭建许多蛛网了。但是蜘蛛并不会因为潜在危险而束缚自己的行为，过分的谨慎是没必要的。在网中央短暂休息之后，为了填饱肚子，它又将捕杀下一个目标。猎物到手后，蜘蛛会在猎物身上割开多处浅口子，然后，从每道割缝处吮吸猎物的体液。因为盘子里的食物实在太丰盛了，蜘蛛就餐的时间每次都拖得很长。有一次，我观察一只贪吃的蜘蛛就餐，竟然前后花掉十个小时。这只蜘蛛不断地变换吮吸点，以确保每一个吮吸点的体液都被吸干。最后夜幕降临，我才不得不停止观看它这种恣意妄为的就餐行为。第二天早晨，我发现螳螂的干尸横陈地上。而蚂蚁们正在急切地舔食蜘蛛的残羹剩饭。

园蛛与众不同的不仅是它的捕食艺术，还有它在建巢过程中表现出的良好的工业化特点。园蛛吐出的丝包，也就是它用来贮藏蜘蛛卵的小巢，比鸟巢更令人惊奇。丝包的形状像一个倒置的热气球，大小和鸽子卵差不多，由下至上逐渐变细，没有顶部，就像一个被削掉的梨子，周围还装饰有扇形的花边。小巢紧附在嫩枝上，所以被拉长了许多，像一颗优美的鹅卵石，靠着蛛丝，静静地悬在枝桠上、角落里。

小巢顶部是空的，像一个火山口，平时有丝盖封闭。其他部分也有厚实的丝层包裹，一般很难撕破，也不容易受潮。棕色甚至黑色的丝罩呈纺锤形，漂亮的波浪经纬为小巢增色不少。这层丝的作用也是显而易见的，它像防水层一样，露水和雨丝都无法穿透。

为了免遭一年中恶劣天气的侵袭，小巢建在草堆或贴近地面的封闭位置上。如果我们用剪刀剪开顶部的丝盖，就会发现外层之中还有一层厚厚的丝，呈淡红棕色。这些丝并不是蜘蛛编织的，而是从口中吐出的。这层填料毛茸茸的，密不通风，就像是一床无与伦比的棉被。它是那么柔软舒适，即使是再软的天鹅绒也难以相比。它是一层屏障，防止巢内热气散出。

小巢如此安适，究竟是献给何方神圣呢？让我们再来看一看。在这层柔软的棉被中央挂着一只圆柱形的袋子，底部是圆的，顶部却成四方形，用盖子封了起来。袋子用优质的丝缎编织而成，园蛛的宝贝卵就装在里面。这些卵漂亮得像橙色的小珠子，粘在一堆，体积有豌豆那样大。我想，这就是蜘蛛严加保护，使之不受严寒侵扰的宝贝了。

通过以上介绍，大家一定对小巢的构造有所了解，下面再探究一下蜘蛛是如何建成这么温暖舒适的小屋的。

观察蜘蛛如何建造小巢并非易事，因为虎纹园蛛是一个不折不扣的"夜猫子"。它需要夜间的清静，因为只有这样它才有清醒的头脑，去遵循建巢的种种复杂规则，而按照这种工业化的规则，才不会出现疏漏。偶尔，在凌晨时分我也会碰巧撞见它在忙碌工作，这使我可以对我的观察进行总结。大约到了八月中旬，我就会忙于研究蜘蛛的钟状小巢了。

首先蜘蛛会在圆屋顶的角落里拉起一些丝线，搭起棚架。而丝棚的悬挂点多为嫩枝、草茎。在这些摇晃不定的地方，园蛛无须抬眼，只是俯下身来专注于工作。由于它的吐丝器运转正常，所以建巢工作一切顺利。只见蜘蛛缓慢地有条不紊地工作着，腹尖四处摇摆，一会儿是左右摆，一会儿又是上下摇。但园蛛决不胡乱吐丝，它总是在某处集中喷吐，直至形成一个边缘高中间低的丝包为止。这个丝包须有一厘米左右的深度才能满足要求。丝包小巧玲珑，十分精致可爱。然后蜘蛛会用绳索把丝包系在离自己最近的丝线上，并尽量把它张开，特别是开口处。做完以上工作后，蜘蛛会稍事休息。紧接着，它在丝包上一个接一个地下卵，直至填满丝包。丝包似乎经过专门设计，既装下所有的卵，又没浪费一点空间。蜘蛛下完卵后，稍事休息，我趁机迅速地打量了一下那堆橙色的蜘蛛卵，但是不容我细看，蜘蛛又开始工作了。

下一步工作便是密封丝包。这一回它的工作方式有所不同。腹尖不用四处摇摆，而是沉下去接触一个点，退回来，再沉下去接触另一点，这里一下，那里一下，接触的点呈相互关联的锯齿状分布。同时，边移动后腿边向外吐丝。这样一来，丝线均匀分布，成了一张毛毡或是毛毯。像羽绒一样的丝毯包着装满蜘蛛卵的丝包，起着很好的防寒作用。而那些幼虫将在这个柔软的丝毯里待上一段时间，为它们最终离去积蓄力量。当然这些小家伙需要等待的时间并不长。

完成上述工作后，纺织器突然改变了筑巢的原料：原来它用的是白丝，现在用的却是淡红棕色的丝，这种丝比其他蛛丝更细，因为在吐丝时，蜘蛛用它的后腿灵巧地把这种丝搅蛋似的打成了泡沫状。不一会儿，装满蛛卵的丝袋就被这种精美的填料掩盖住了。此时热气球状的外部形状也已经大体成形；小巢的顶部也逐渐变细，如细长的颈子。蜘蛛上下移动，把小巢缝在嫩树枝上，缝完一边再缝另一边，最后的形状优美而精确，就像在它肚子里藏了一只圆规一样。然而，令人惊异的是，蜘蛛突然又换了原料，白色蛛丝重新出现。此时，白色蛛丝被用来编织丝包外层。因为要有一定的厚度和密度，因此这项工作成了整个工程耗时最长的工作。起初，蜘蛛会四处猛吐丝线，保证在层数上满足要求。园蛛特别关心细长颈部边缘部分的结构，它把该部分设计为锯齿状，并用丝线把它挂起，形成小巢的主要基础部分。完成这部分的建造以后，蜘蛛就不再碰它，除非实在是有加固的必要。在悬挂时这部分会形成一个如火山口似的缺口，所以需要封闭。蜘蛛会像封存卵袋一样，用一只塞子把缺口封闭起来。

当上面所述的准备工作就绪以后，小巢的外部装饰才真正开始。蜘蛛此时会前前后后忙得团团转，但不再碰已经完成的编织成果，而是有节奏地吐丝，再把吐出的丝细致地绣在小巢外部，用作装饰。在此期间，蜘蛛的腹部一直会有条不紊地摆来摆去。用这种办法，将蛛丝梳理成均匀的锯齿形，几何形状之精确绝不亚于我们人类用机器生产出来的棉线。外部装饰工作是一个枯燥又辛苦的工作，需要蜘蛛不断地重复那几个单调的动作。隔一会儿又要向上挪几步，换一个工作地点。最后蜘蛛来到热气球状小巢的开口处。它把腹部抬起，开始动手给小巢镶边。这也是最关键、最基础的工作。因为接触面太大，有时丝线卡在星状饰边里，而在其他地方，仅仅运动后腿就可以解决问题了。这时我们不能像在其他地方一样，帮它把丝解开，因为这很容易使巢的边缘断裂。蜘蛛结网的工作是用白丝来完成的，而建筑小巢的最后工作却是用棕色丝完成的。最后它第三次变换原料，采用黑色丝来当作原料。它从小巢上端到下端纵向吐丝，造就了一条变幻多彩的丝带。完成这个工作后，建巢工作才大功告成。

蜘蛛会慢慢地踱着方步而去，甚至连看都不看它所建造的丝包一眼。因为余下的事已经不再让它感兴趣了：时光与阳光会替它照看孩子。它已感到日子不多了，时光匆匆从网洞里穿过。就在身旁，那一排整齐的小草里，它为孩子们建造了一座神圣的小屋。而它也将离它们而去，因为为了建屋它吐尽了最后一缕丝。现在即使回到网上也没有什么用了，它已经无力继续捕捉猎物了。而且，前些天的好胃口已经一去不返。这些天来，它拼命想延续自己的生命，但是一切都无济于事，它的生命已枯萎，行动已迟缓，最终不得不离开这个世界。

以上便是发生在我的实验笼中的感人故事，这就是蜘蛛们必须承受的宿命。

纺丝园蛛在建造巨型捕猎网方面胜过虎纹园蛛，但在建网的艺术潜质上却不如虎纹园蛛。它的巢看上去像一个愚蠢的圆锥形，非常丑陋。巢的开口处非常宽大，被扇边装饰成了叶状，而整个巢就依靠这个开口被悬挂起来。开口处由一个巨大的盖子封闭起来。这个盖子一半是丝，一半是绒。其他部分便是结实的白色丝织物，表面通常覆盖有不规则的褐色纹理。两种园蛛在建巢上的差别只是表面的，一种是愚笨的圆锥形，另一种是优美的热气球形。不同外形下所掩盖的内部结构则是完全相同的：从外到内，首先是一床毛茸茸的丝被，然后是一个装卵的小丝桶。虽然两种蜘蛛都是根据自己独有的建造规则来工作的，但是它们都同样把外层当作御寒手段。众所周知，园蛛的卵袋，尤其是虎纹园蛛的卵袋，是一项重大而又复杂的工程。在制作过程中，要用到各种不同的原料：白丝、红丝、褐丝。此外，这些原料丝的用途各自不相同，如用来织成结实的外衣、柔软的丝包、小巧玲珑的丝缎和多孔的丝毡。所有的这些丝织品都是在同一个车间里制作的，在那里，蜘蛛纺织捕猎网、弯曲锯齿形缎带、罩住猎物的丝网。这是一个多么神奇的造丝工厂！更令人钦佩的是，这个工厂的装备竟是如此简单：后腿和吐丝器。这两样东西充当了如此众多的角色：制绳工、纺纱工、编织工和缩绒工。

蜘蛛到底是如何管理如此复杂的系统的呢？不同颜色以及不同类别的丝束是如何获得的？它是怎样把丝束释放出来的？为什么开

始采用一种方式，后来又采用另一种方式？我虽然知道以上问题的答案，但不明白蜘蛛体内的吐丝器是怎样运作的。

当有麻烦事出现，打破夜间工作的宁静时，蜘蛛有时也会犯迷糊。一般来讲，我并不是这些麻烦的制造者，因为我从不在那段非正常工作时间出现。这些麻烦通常是实验笼中出现的一些情况。在自然环境中，园蛛一般是各自独居的，彼此相隔很远。每一只园蛛都有自己专用的捕猎网，这样避免因过于接近而造成彼此间不应有的恶性竞争。但是在我的实验笼中，由于场地设施的限制，通常有多只蜘蛛同居。我的这些小猎物生性很宽容，在笼子里相处融洽，没有任何冲突。它们对邻居的财产从来不会虎视眈眈。它们各自织造捕猎网，并且很自觉地保持最大的间距。织好网的蜘蛛静静地埋伏，神情专注，对其他蜘蛛的一切漠不关心，只等送上门来的蝗虫。然而当关键时刻到来时，潜在的问题发生了。这些营地虽各自封闭，但在令人迷惑的丝网空间里，那些用来悬挂捕猎网的丝绳错综复杂。只要有一根动一下，就会影响到其他丝绳的稳定。这就足以分散蜘蛛捕食的注意力了，在这种情形下它就有可能做傻事。以下便是两个例子。

有一天早晨，当我起来观察试验笼的时候，发现了一个已于昨晚完工的丝袋挂在棚上，在结构上，它非常完美；丝袋的表面还装饰了规则的黑色经线。但是这个精致丝袋的主人——蛛卵却不见了，而其他的任何东西都没丢失。蛛卵到哪去了？我打开丝袋，仔细检查也没有发现踪影。再往下一看，才发现它们在实验笼铺的细沙上，没有任何保护。当时我十分纳闷，难道是蜘蛛妈妈不小心让蛛卵从丝袋开口处掉下来了？抑或蜘蛛妈妈一时心血来潮，从网上爬下来游玩，受卵巢压迫在沙地上产下了蛛卵？不管怎样，如果蜘蛛脑子有一丝智慧的话，也应该意识到灾难的发生，马上会停下那精心建造的已经无用的"豪宅"。但它没有丝毫察觉的迹象：丝袋精致、完美，和平常的丝袋相差无几。

这种不明智的固执在某些蜜蜂身上也有。当我拿走蜜蜂卵和它的食物时，蜜蜂仍会重复它的固执举动，不受我的影响。小可怜虫在没有卵的情况下仍极为小心地把洞口封住，就好像一切都没有发生。同样，园蛛也封住了空无一物的丝袋。而另一方面，在织巢时，园蛛只要感觉到任何微小的震动，就会舍弃即将完成的红褐色填充层，逃到屋顶离它未完工的丝袋一定距离的地方停下来，再用它原本准备用来编织外部装饰的丝重新织网。多么可怜的小傻瓜！你用天鹅绒铺成小巢的保护层，用如此粗心的防范来保护蜘蛛卵，这样的工作，这样的小巢，难怪你现在只能做这种毫无意义的工作。这样又让我想起干泥蜂，在蜂巢被破坏后，它会用泥巴涂抹原来住过的地方。

当然你们可能问我，是什么原因使蜘蛛身兼高超的技艺和愚蠢的心智？现在让我们来比较一下虎纹园蛛和攀雀在筑巢方面的异同吧。在筑巢上，攀雀是最具艺术感觉的最聪明的小鸟。这种鸟经常出没于罗讷河下游的柳林中。鸟巢在河畔的微风中轻轻地摇摆，就连河水平静的回水也会让它微微颤动，仿佛远离喧嚣的尘世，处在世外桃源之中。它一般悬挂在罗讷河两岸的大树上，藏身于高大的白杨、古老的柳树或笔直的桦树枝端。

鸟巢仅是一个棉袋，四周封闭，有一边留了一个小口，大小仅能容鸟妈妈通过。鸟巢的形状与化学家们常用来实验的细颈蒸馏器类似，或者更形象一点儿，更像两边搅合在一起的长袜底部，在一边留下了一个圆形的出入口。鸟巢表面装饰十分可爱，让人爱不释手：你能在鸟巢表面发现好像粗大的缝衣针缝过的痕迹。这就是普罗文卡尔（法国地名）地方的农民按其形状，称此鸟为长袜编织工的原因。在人家的窗户上，在白杨树枝端，我们都能发现鸟儿用来筑巢的尚未完全成熟的种子。五月，适时而下的春雪把这些种了打落到地上，然后气旋又把它们吹到地表裂缝里，堆积到一块。做鸟窝的棉料与工厂造的棉料有一点儿相似，但是更像是被一根根短订书针钉在一起。这些原料来自一个取之不竭的仓库：首先树的数量无比丰富；再者当风拂过柳枝，厚密的柳条会毫不客气地把风中的种子留下来。

采集筑巢用的种子对于鸟儿来说简直轻而易举。难的是如何开始筑巢。鸟儿是怎样纺织长袜的呢？它唯一的工具就是嘴巴和爪子。这么简单的工具，就能完成连我们人的手也难以完成的工作吗？仔细查看一下鸟巢，我们就可以找到答案。用普通的棉料做巢，自然不能承载幼崽，也经不起风吹雨打。那些缠绕、堆积在一起的棉絮，看上去与一床裁剪良好的普通被褥没有区别，然而如果仅仅是把它们堆在一起，不想什么办法让它们变得密实、集中，它们就会被晨风吹散。鸟巢里的棉絮像油帆布一样编织紧密。风干后的叶柄与纤维非常相似，并且在接触空气和雾气后，叶柄变软，成为攀雀编织巢穴的最佳原料。

在清除掉木屑以及检查完原料的柔韧性与坚固程度之后，鸟儿就会在它早已选定的树上做巢。先用原料在树枝末端绕圈子，工作并不要求有很高的精确度。鸟儿在绕圈时很笨拙而且很随意：

有些圈绕得松松垮垮，有些却缠得紧凑。但是有一点却是至关重要的：圈子必须坚固。缠在树枝上的叶柄是整个鸟巢的基础，因此它必须有足够的长度，这样才能确保鸟巢的稳固。在缠够了足够的圈数之后，叶柄会紧紧地缠住枝叶末端，让鸟巢安稳地挂在树梢上。

接下来鸟儿就得对它的小屋进行内部装修了。用的材料可讲究了，不仅种类更多，而且要求用更为细小的纤维进行编织。细纤维柔软，易于缠绕，我们形象地称这种缠绕为编织。即使不看鸟儿筑窝，我们也可以仅凭肉眼判断出，油帆布，也就是鸟巢的棉墙，就是由这些原料构成的。在编织鸟巢内部时，鸟儿的工作与刚开始时有很大的差别，是分步骤、有目的地进行的，鸟儿必须把周围的空间都用棉花填满。这些毛茸茸的填料都是靠鸟儿的爪子一点儿一点儿从地面采集来的。鸟儿把填料采集到窝中后，用尖嘴把它们推到合适的位置，然后用厚实的胸脯把它们里里外外地压实。这层毛茸茸的填料大概有几英寸厚，摸上去有柔软感觉。在鸟巢顶部，鸟儿在一边挖掘了一个狭窄的、从底部向顶部逐渐变尖形成细颈形的小孔，这就是攀雀的房门。它个儿虽小，要从这扇门进去，也不得不尽量缩小身子。最终鸟儿的小巢被那些优质的毛茸茸的填料布置得温暖而舒适。小巢的主人通常是六到八个樱桃大小的鸟卵。

相比于虎纹园蛛的小屋，鸟巢虽然也漂亮，但是却显得有点粗糙。首先从形状上来比较，攀雀长袜足部形状的小巢根本不能与虎纹园蛛那优雅、完美的热气球形的家相提并论。从建造材料上来看，鸟巢仅仅是一些棉和粗麻屑的混合物，根本不可能与蜘蛛所用的丝缎相媲美；另外鸟巢仅仅用一些粗糙的绳子似的纤维吊在树梢上，而虎纹园蛛所用的悬挂绳则是精致的丝绳。攀雀的包袋与园蛛那赤褐色的薄纱丝包相比也相形见绌。就工作而言在许多方面蜘蛛的确胜过鸟儿，但是，站在攀雀这边来说，它是一位更称职的母亲。它会接连几个星期一动不动地（除了觅食之外）把鸟卵拥在温暖的怀中。那些卵石般的鸟卵享受着温暖的母爱的庇护，几个星期后小鸟就叽叽喳喳地破壳而出了。然而园蛛却一点儿都不具备这种母性的柔情。在织好卵袋之后，它就狠心地离去，再也不会看它的宝宝一眼，也不管它们是死是活，是否幸福。

（徐小芳　译）

狼　蛛

导读： 雄性狼蛛会经历一场可怕的婚礼，它很可能为繁衍后代而献出生命。雌性狼蛛对待孩子非常慈爱，那些背负在背上的小狼蛛跟母亲有奇特的关系。那么，就让我们见识一下狼蛛们的独特风采吧。

园蛛使出一身惊人本领为自己的卵营造了美轮美奂的住宅，然而造好后，它却再也不把家人放在心上。这是为什么呢？因为它时日无多了。第一股寒潮一来，它就得死去，而它的卵却要在毛茸茸的温暖小窝里度过一冬。不过，若是卵提前在园蛛活着的时候孵化，我想它所表现的奉献精神一定不会比鸟类逊色。我这个结论得自蟹蛛。蟹蛛是一种厉害的蜘蛛，像螃蟹一样横行，不结网捕猎，而是伏击猎物。小小蟹蛛擅长一剑封喉，同样也精通筑巢之术。我在院子里的女贞树上找到了蟹蛛的家。这个喜欢奢华的家伙就在一朵花的花心编了一只白色缎质小袋，模样像个极小的顶针，那便是盛卵的容器。容器口上封了一个毡料的圆形扁平盖，在卵袋顶上，由几根长丝和枯死的花瓣搭起了一个顶篷，这是留给看护者的观景楼和指挥塔。这哨塔开了一个畅通的口子，让它可以随时出入。蟹蛛就在这儿日夜看守。产完卵以后，它瘦了很多，大肚子都快不见了。

一有动静，它便冲出去，朝过往的生客威胁地挥舞拳脚，警告它们非请莫入。赶跑了侵略者以后，它又马上退回哨塔。它待在这枯花缠丝的屋檐下，究竟要干什么？它夜以继日地摊开可怜的身躯，伏在它的宝贝卵蛋上。它顾不上吃喝，也不伏击猎物，再也没有吸干了血的蜜蜂。蜘蛛摆出一副孵卵的架势，一动不动地冥思苦想。换句话说，它是坐在自己的卵上。严格说来，"孵卵"这个词就是这个意思。抱窝的母鸡不会比它更勤奋，可是母鸡同时还是一个热力装置，用温和的体温将胚胎孵化成熟。至于蜘蛛，有太阳的热力就足够了。因此我才不说蜘蛛"抱窝"。一连两三周里，小蜘蛛就保持着这个姿势，毫不放松。因为禁食，它一天比一天皱缩。接着卵孵化了。幼蛛拉起几根蛛丝在树枝间摆来摆去。这些小小的耍绳艺人要在阳光下练习几天，然后便各奔东西，去追寻自己的前程。

现在我们再来看看巢穴的哨塔吧。妈妈还在那儿，但此时已无声无息。这满腔爱心的慈母体会了看着儿女出世的快乐，它帮助弱小的幼蛛钻出了大门。职责已尽，它便静静地断了气，母鸡哪及它自持克己啊。其他种类的蜘蛛做得比它还要出色，例如狼蛛，或称黑腹舞蛛便是如此。读者一定还记得它的洞穴吧，那是在薰衣草和百里香喜爱的砾石土里掘出的一个瓶颈般细长的坑。坑道口上围着一圈用丝粘结成的碎石木片墙。除此之外，它的住宅周遭别无他物：没有蛛网，也没有各种陷阱。狼蛛就守在这一英寸高的堡垒里，伏击过往蝗虫。它只消一跃而起，追上猎物，一口咬住猎物的脖子，就能令其迅速瘫软下来。捉到的猎物要么当场吃掉，要么拖到洞穴里吃掉。它倒不厌恶那虫子粗硬的外壳。这位强壮的女猎手不是园蛛那一类吸血狂，它需要固体食物，需要那种能嚼得嘎嘣作响的食物，就像条啃骨头的狗。你要不要让它从井穴里出来见见天光？往洞里插入一根细草茎，搅一搅。那隐士对上面的动静深为不安，因此急匆匆爬上来，蹲在洞口不远处，摆出恐吓的姿势。你可以看到它的八只眼睛闪闪发光，像黑暗中的钻石；你可以看到它那厉害的螯角（节肢动物的第一对脚，形状像钳子，能开合，用来取食或自卫。螯，áo）张得大大的，准备一口咬去。谁若是没有看惯这种从地里冒出来的吓人场面，准会浑身哆嗦。噗！我们就让这畜生自个儿待着吧。运气好的话，瞎猫也能逮到死耗子呢。

刚到八月，孩子们就把我叫到院子的另一头，他们在一丛迷迭香下见到一个宝贝，高兴得要命。那是一只非常漂亮的狼蛛，挺着巨大的肚子，这表明它即将临产。这只肥硕的蜘蛛正庄严地吞咽着什么东西。什么东西呢？是一只比它稍小一点的狼蛛的遗体，是它的丈夫。这出婚礼终场的悲剧已临近尾声。小爱人正在吃掉自己的情郎呢。我听任这场结婚典礼的所有恐怖场面一一上演，待那倒霉蛋全部给嚼碎咽下去后，我就把它可恨的太太关进笼子里，笼子底下是一只盛满沙子的陶盘。十天后的一个清晨，我发现它准备分娩了。它首先在地上织了一张蛛丝网，大小约等于一只手掌。蛛丝网很粗糙，也不成形，却相当稳固。蜘蛛打算在这块地板上大兴土木。这个地基同时也是一个防沙装置，狼蛛在上面做出一个圆垫，上等的白丝质地，大小相当于一枚两法郎钱币。蜘蛛的腹尖上下穿梭，每次落到地基上的位置都比前一次稍往外一点，直到最后受工具所限无法再伸展为止。它的动作轻柔、整齐，也许有一个精巧的齿轮装置在操纵呢。接着，蜘蛛姿势不变，朝相反的方向又做起了摆式运动。它就这么不停地摆来摆去，牵起成千上万根丝线，一张质地非常紧密的扇形丝片出现在眼前。织完了这一片后，蜘蛛沿一条弧线稍稍移开几步，又以同样的手法织起了另一块扇片。此时这块圆形丝垫几乎成了一个凹面的浅口盘，吐丝器不再往盘中央吐丝，只有盘边在不断增厚。这样一来，圆盘渐渐变成了一只小汤盆，盆沿宽阔扁平。产卵的时候到了。只见一道飞流泻下，盆中高高堆起了一团由黏乎乎的淡黄色卵结成的球体。吐丝器再度开工。这一次的动作幅度要小多了，蜘蛛的腹尖上下穿梭，织出圆垫来罩住敞露在外的卵球。现在我们看到的是一只卡在圆形毯中的小丸。一直闲着的腿脚这时派上了用场。那块圆垫本来是用丝固定在粗制的支撑网面上的，蜘蛛七手八脚地将这些丝线一根根拔起扯断。与此同时，它用螯角钳住这块垫子，一点一点地从底座上撕下来，翻折过去覆在卵球上。这活儿可真不轻松。整幢大厦晃动了起来，丝网地基塌陷下去，落到沙子里。蜘蛛用腿一扫，就将那些脏兮兮的破丝网扔到一边。简单地说，狼蛛是用螯角当钳子猛拽，用腿脚当扫帚细扫，将一切沾附在卵袋上的东西清理干净。卵袋显出了清晰的轮廓。这是一个白色的丝质小丸，摸上去软软的，黏黏的，大小相当于一颗普通的樱桃。如果你的视线沿着丸体中线位置水平移动的话，你会发现一条褶缝，这道褶缝能托起一根针而不致被针刺破袋子。不仔细看的话，还真看不出卵袋上有道褶。原来它就是那块圆垫的边，翻折下去盖住了卵球的下半部。卵球的上半部分是将来幼蛛出世的地方，远不及下半部分防护严密。它只有一层外套，卵一产出，蜘蛛就在卵上织出了这层丝罩。卵袋里面只装着卵，既无小垫，又无松软的绒毛，这一点与园蛛大不一样。

说真的，狼蛛倒是不用为保护卵度过严冬而大费工夫，因为天还未凉，卵就孵化出来了。同样，蟹蛛的孵化期也很早，所以它筑巢时也是锱铢必较：它为卵设的防护层只是一只简单的缎质小袋。这项先编织后拆除的工作持续了整整一个早上，从五点一直干到九点。干完后，精疲力竭的妈妈抱住它的宝贝丸子再也不动了。今天就到此为止了。第二天早上，我发现蜘蛛已经把卵袋挂在身后。打这以后一直到卵孵化时，它都不会放下这宝贝包袱。它用一根柔韧的短带将卵袋系在吐丝器上，一路拖着，任它拍打着地面。带着这个不停地撞着后腿的包袱，它还是该干什么就干什么：照样行路、休息、追击猎物、捕杀野味、大快朵颐（指痛痛快快地大吃一顿。朵颐，鼓动腮颊，即大吃大嚼。颐，yí）。若是卵袋意外脱落了，它也会很快拾起。吐丝器随便朝卵袋上一碰，马上又粘上了。

狼蛛非常恋家。它不大喜欢出门，除非有猎物从它洞口附近的狩猎地经过，它才会出洞去捕捉。然而，在八月末，我们却常常看见它拖着卵袋在外闲逛。它那副犹犹豫豫的模样让人觉得它是在找自己的家，它离家已有一段时间，现在找不着路了。它为什么要出门游荡？有两个原因：一是交配，二是制作卵丸。洞穴空间狭小，只够蜘蛛面壁静思。而制作卵袋需要一块手掌大小的平面，一个做地基的网面，这是笼中的囚徒告诉我们的。狼蛛的洞穴里可没有这么大一块地方，所以它必须走出家门，到露天去制作它的小袋，当然是在夜深人静的时候。同样，它也得出门去会雄蛛。这只雄蛛随时有被生吃的危险，它敢一头钻进太太的洞里，钻进一个无法逃生的窝里去吗？这很令人怀疑。为谨慎起见，还是在外面行事为好。若在外面，当凶恶的新娘发起攻击时，那冒失的小情郎至少还有抽身的机会。在露天会面减少了危险，却不能完全排除险情。我们发现的那只在地面上吞吃爱侣的狼蛛，就可以证明这点。

院子里的那一处刚翻过土，准备播种，并不适合蜘蛛居住。蜘蛛的洞穴一定还在别处，而这一对情侣会面的地方正是悲剧上演的地方。尽管雄蛛的生还路畅通无阻，他的动作却不够快，所以还是给吃掉了。吃完这一顿蛛肉大宴后，狼蛛会不会回家去呢？也许暂时不会。而且，就算回了家，它也还得再出一趟门，去找一块足够大的平面制作它的小丸。干完这活儿后，有些蜘蛛也会去松松筋骨，想在离群隐居之前游山玩水一番。所以我们才会有时碰见那些拖着卵袋四处游荡的蜘蛛。不管怎样，这些观光客迟早是要回家的。不用等到九月，拿根草随便往哪个洞穴里掏掏，都会引得蜘蛛妈妈爬上来，卵袋就挂在它身后。我想要多少就能弄到多少。

我拿这些蜘蛛做了一些非常有趣的实验。狼蛛将它的珍宝拖在身后，无论白天黑夜，是睡是醒，一刻也不离身，它护宝的那股气势让旁观者望而生畏——这场面值得一看。如果我要夺走它的卵袋，它会绝望地将卵袋紧紧抱在胸前，用毒螯夹住我的钳子不放，整个身子都吊在钳子上。我能听到尖齿咬得钢铁嘎嘎作响。真的，若不是我手中握着工具，它决不会让我抢走它的卵袋还纤毫未损。我用钳子又夹又拽，夺走了狼蛛的卵袋，它勃然大怒。我将另一只狼蛛的小丸抛给它，作为交换。它马上用螯角接住，几只脚捉着挂在吐丝器上。自己的也好，别人的也好，对于这只蜘蛛来说是一回事，此刻它就携着这颗外来的卵丸趾高气扬地踱步走去。因为互换的两颗卵丸非常相似，所以出现这种结果也没什么好奇怪的。

另选一个实验对象再做个实验，就能看出它们会犯多么严重的错误。我用纺丝大蜘蛛的卵袋换下了狼蛛的卵袋。两者的色彩一样，质地也一样柔软，但形状却大不相同。我偷走的东西是球体，而换上的东西却是椭圆锥体，其底部边缘上棱角分明。那蜘蛛压根就没看出有什么不对的地方。它迅速将那只古怪的卵袋粘在自己的吐丝器上，乐得就像抱回了自己真正的小丸一样。我在实验中使出的这种恶招并没引来什么后果，只是让它充当了一时的货车而已。狼蛛的孵卵期早，园蛛的孵卵期迟，所以孵卵期一到，上了当的狼蛛便会扔掉那只怪模怪样的卵袋，不再理会它。

这些提着袋子到处跑的家伙究竟有多傻，让我们再看清楚一些吧。我抢走狼蛛的卵袋后，丢给它一个软木球，这软木球用锉子稍稍打磨了一下，大小与抢下的卵丸相同，但完全是两种不同的材质，它却毫不迟疑地收下了。人们也许会以为它有八只像宝石一样闪烁的眼睛，会看出其中有诈。但那蠢家伙却毫无察觉。它疼爱地抱住软木球，含情脉脉地抚慰一番，然后悬在自己的吐丝器上，从此带着它就像带着自己的卵袋一样。我们让另一只蜘蛛在仿制品和真品之间做一次选择吧。将蜘蛛自己的卵丸和软木球一起放入瓶底。蜘蛛能不能认出自己的东西呢？那傻瓜没有这个能力。它猛扑上去，这一回抓住了自己的产品，下一回抓的是我仿造的东西，纯粹碰运气。先逮着谁就是谁，就把谁挂上身。如果我增加软木球的数目，如果我把真正的卵丸放进四五个软木球里，狼蛛很少能找出自己的宝贝。没有一次见它费心鉴别、挑选过。它随随便便地抓住一个就往身上粘，也不管是好是坏。仿造的软木球越多，蜘蛛抓到软木球的次数就越多。它的这种愚钝倒是把我难住了。那虫子是被软木柔软的触感给欺骗了吗？我拿走软木球，换上棉花团和纸团，棉花团和纸团用几根线捆成了球形。这两样东西都被它们当成真卵袋而欣然收下了。是不是色彩让它们产生了错觉呢？软木球的浅色调颇似裹上少许泥土的丝球颜色，而纸团和棉花团的白色调又是卵丸的本色。我用一只纯红色的丝线团换下了狼蛛的卵袋，这种纯红是所有颜色中最鲜艳的色彩。这颗不同寻常的小丸也跟其他丸子一样被欣然接受、严加看护。

我们不用再去打扰这些拖着卵袋的家伙，有关它们智力贫乏的情况，我们想知道的都知道了。我们还是等着孵化期的到来吧。孵化期一般是九月的头两周。幼蛛们纷纷钻出卵丸，数目达几百个之多，它们爬到母蛛背上，挤做一团，腿压着腿，肚子顶着肚子，活像哪种树的粗皮。母蛛给罩在这有生命的披肩之下，都让人认不出来了。卵全孵化后，卵袋就从吐丝器上脱开来，像垃圾似的被扔掉了。小家伙们都很乖，谁也不去挤占邻居的空间。它们在那儿干吗呢，这么悄无声息的？它们听凭母蛛驮着它们走来走去，就像负鼠的幼仔似的。不到春暖花开之时，不管是坐在洞底面壁静思，还是好天气里爬上洞口淋浴阳光，狼蛛都决不会脱下这件由幼蛛堆成的大氅（外套，大衣。氅，chǎng）。在冬季，一月或二月间，雨雪冰霜冲击着蜘蛛的住处，通常会将洞口的围墙打坏，在这个时候，我若是在野地碰巧路过它劫后余生的家，总能发现它就待在家里，依然生气勃勃，依然儿女满背。这辆育儿车至少要运行五六个月，当中一刻也不能闲着。美国的负鼠以背负幼仔而出名，它也只驮几个星期就把幼仔打发出去，与狼蛛比起来真是相形见绌。

那些蹲在妈妈背上的小家伙吃什么呢？就我所知，什么也不吃。我看它们根本就不长个头。我发现它们在漫长的居家期同当初离开卵袋时相差无几。在天气恶劣的季节里，母蛛自个儿也极为节俭。

待在我瓶子里的蜘蛛要隔上很长一段时间才收下一只放了很久的蝗虫，这蝗虫是我特意为它在阳光比较充沛的角落里捉到的。冬天我在野外挖出的狼蛛身体状况良好，所以，为了保持这种良好的状态，它就必须不时地开斋，出门寻找猎物，当然出门时也不能丢下它那条活生生的披肩。出门游荡是有危险的。小家伙们也许会被草叶扫下去。它们要是掉了下去该怎么办呢？妈妈会担心它们的安危吗？它会伸出援助之手，帮它重返旧位吗？绝对不会。一只母蛛的慈爱之心要给几百只幼蛛，每只幼蛛就只能分得一点儿碎屑。掉下去的幼蛛是一只也好，六只也好，全部也好，狼蛛都不怎么在意。它无动于衷地听凭出事的孩子自己解决麻烦，而那些孩子的确办到了，而且还办得非常机灵。我用画笔把我养的一只蜘蛛背上的儿女全部扫落下来。这个身子被剥光的家伙不动声色，也没有任何寻子的打算。而被赶下来的幼蛛这儿一堆，那儿一堆，在沙子上奔忙了一小会儿后，便找到了妈妈的这条那条腿，妈妈的腿都趴得开开的，形成一个圆。它们就利用这些爬杆纷纷爬到上面，马上又恢复了背上的生活，一个也没落下。狼蛛的儿女精通杂技艺术，妈妈用不着为它们的跌落伤脑筋。我又用笔一扫，将一只蜘蛛的儿女扫落到另一只儿女满背的蜘蛛身旁。被扫落在地的小家伙机敏地顺着新妈妈的腿爬到了它的背上，而这位新妈妈和和气气地任它们穿梭往来，就像对自己的孩子一样。母蛛的背部是它们正宗的栖息所，但这儿已被亲生儿女占据了，没有它们的位置。于是这些外来客便在前面安营扎寨，把胸部裹得严严实实，这样一来母蛛就成了一只面目可怖的针垫，再也找不出丝毫蜘蛛的影子。然而，对于这外来的一家子，受苦受难的母蛛倒没表示半点不满。它心平气和地照单全收，载着所有的小家伙来来去去。从幼蛛这方面来讲，它们没有能力去辨别谁可以搭载，谁非请莫入。它们身为闻名遐迩的杂技家，先碰到谁就爬到谁背上，也不管是不是同类，只要尺寸相当就行。我把它们放到一只身上饰有浅橙底色白十字花纹的大园蛛旁。这些刚刚被赶下狼蛛妈妈背部的小东西毫不迟疑地爬到那生客的身上。园蛛受不了这份亲密劲儿，抖动着爬满了幼蛛的腿脚，将外来者扫开。然而它们又顽强地重新发起了冲锋，这一回战绩不错，有一些成功地登了顶。园蛛对这包袱带来的刺痒一点儿也不习惯，只好往地上一仰，在地上转起了圈子，同驴子除痒的做法一样。一些幼蛛折了腿，一些幼蛛甚至给碾成了泥。剩下的却并没就此止步，只等园蛛一站起来，它们又马上开始冲顶。于是园蛛不断地翻起筋斗，打起滚，最后小家伙们给弄得晕头转向，终于找不着北了，这才让园蛛重享安宁。

狼蛛的家庭生活

导读：成百的小狼蛛们出生后都会攀附在母亲的背上，不管碰到什么情况，不管遭遇什么不幸，它们都不会下来。就这样，它们待上七八个月，不吃不喝，却逐渐变得健壮。小狼蛛们过着怎样的家庭生活，怎么活下来的？就让我们探个究竟吧。

狼蛛拖着粘在吐丝器的卵袋，要拖上三个星期还不止。读者应该记得前面描述的实验，特别是用软木球和线团做的实验，蜘蛛居然大发傻气，用真正的卵丸去交换那些东西。这个超级笨蛋妈妈，只要有东西在后腿跟上敲打就心满意足，说真的，对它的献身精神，我们总是大为惊叹。不管是它从洞穴里爬上来，歇在洞口晒太阳时，还是遇到危险候地隐入暗处时，或者没找到住处前在野外到处闲逛时，都不会放下它那珍贵的卵袋。卵袋在它行走、攀爬和跳跃时都是一个累赘。如果那紧紧粘在它身上的卵袋意外脱落了，它会疯了似的扑向它的宝贝，狂热地抱住，随时准备向要夺走它宝贝的家伙狠狠咬去。

有时我就是这个小贼。在抢夺中，我的钳子和狼蛛互相拔河，我能听到毒牙尖咬得钢钳咯吱作响。不过我们还是别打扰这虫子吧：只见吐丝器飞快一弹，那小丸缩了回去，蜘蛛踱了开去，还是一副威风凛凛的样子。临近夏末的时候，这一大家子蜘蛛，老老少少，无论是困在窗台上的还是在墙头通道自由穿行的，每天展现在我眼前的都是下面这幅新景象。当上午太阳热辣辣地照在这些隐士的洞穴上时，它们会拖着那卵袋从洞底爬上来，在洞口歇息。在风和日丽的季节，它们平常要在洞口的阳光下睡一个长长的午觉。而此时它们采取的姿势完全不同。先前狼蛛是为了自己才爬出来见阳光。它靠在洞口壁旁，前半截身子在洞外，后半截身子在洞里。眼睛沐浴在光明中，腹部却留在黑暗处。拖上卵袋后它掉了个头：前半截在洞里，后半截在洞外。它用后腿抱住那个白色丸子，把那鼓鼓囊囊装满胚胎的白丸子举在洞口，一次又一次小心翼翼地转动着丸子，好让每一面都能享用哺育万物的光线。这种举动持续半天时间，只要气温不降就不会停止。在三到四周的时间里，它耐心细致日复一日地重复着这个举动。鸟类孵蛋时会用胸脯盖住蛋，将蛋紧紧贴在心口最温暖的地方。狼蛛则把自己的蛋放在万物的烤炉前，让太阳做它们的保育箱。

到了九月初，蜘蛛幼虫已经孵了好长一段时间，准备破壳而出了。那小丸沿着褶层裂开了。有关这个褶层的由来，前面已经介绍过了。是不是做母亲的感觉到光滑的外皮下面卵虫加快了孵化，因而及时亲手撕开了卵袋？也许是。不过，也可能是自动崩开的，就像我们在后面会见到的环带园蛛的气球形卵袋，其坚韧的外皮会自动裂开。裂开时做母亲的早就死了。狼蛛的卵袋裂开后，儿女们立即钻出来，而且马上爬到妈妈背上。至于那只空囊袋，此时已经成了一块毫无价值的破料，被扔出了洞穴，狼蛛绝不会多看一眼。小家伙们伏在妈妈背上，挤成一团，有时还要堆上两三层，这取决于它们的数目，而做妈妈的，在接下来的七八个月里整日都要驮着这一大家子。

狼蛛全身都给它的儿女裹得紧紧的，这种富有教益的合家欢景象，除了在狼蛛这里，还能指望在哪里看到呢？偶尔我也会遇到一小群吉卜赛人顺着公路朝哪个邻近的集市走去。哼哼唧唧的婴儿用一块布巾系着，挂在妈妈胸前，刚断奶的孩子背在妈妈背上，还有小孩紧紧拽住妈妈的裙子跟跟跄跄朝前走着，最大的孩子押后，目光搜索着长满黑刺莓的篱笆丛。真是精彩的一幕。他们逍遥快活，硕果累累。他们自行其道，囊中空空却喜气洋洋。阳光火热，大地丰腴。但在狼蛛的大家庭面前，他们就黯然失色了，那无与伦比的流浪母亲产下的小鬼头可有上百哟！

从九月到第二年四月它们每一个都挤在那个耐心的大家伙的背上，从不离开。它们在那上面过着平静的日子，被驮着来来去去，心满意足，别无他求。小家伙们非常乖，绝不动弹，也不和邻居争吵。它们紧紧挤在一起，构成了一幅连绵不断的织物，做妈妈的就像穿上了一件粗毯子宽松外套，让人看不出底细。那究竟是一只动物、一团羊毛，还是一簇彼此粘在一起的细小种子？这可没法一目了然。这张活生生的毛毯并不能始终如一地保持平衡，摔落是常事，尤其是妈妈从屋里爬到门口让小家伙们晒太阳的时候，随便往过道上一碰就会碰下一部分家庭成员，灾情并不严重。如果是母鸡，就会为小鸡牵肠挂肚，四处搜寻迷途的孩子，呼唤它们，把它们招到身旁。狼蛛对这类母亲本能的担忧却一窍不通。它会无动于衷地任由掉下去的孩子自己解决难题，而那些孩子也飞快而精彩地解决了难题。那些小东西毫无怨言地爬了上去，抖抖尘埃，又重登旧鞍，真让我看不够。落马的小蜘蛛很快就找到母亲的一条腿，这是惯用的爬杆，它们一窝蜂地爬去，有多快就爬多快，又重新伏到了妈妈背上。一眨眼工夫，那些动物又重新构成了一层树皮样的活生生的玩意儿。你若因此拿母爱来做文章，那未免也太夸张了。狼蛛对其后代的钟爱不见得会比植物更深厚，植物不具备丁点儿的柔情蜜意，然而也对它的种子投注了无微不至的关怀。动物在很多情况下并不懂得其他的为母之道。瞧狼蛛能给自己的骨肉什么样的关怀吧！它对于后辈子孙，不管亲疏一概欣然接受，只要背上驮着一大群家伙就心满意足，也不管那些家伙出自自己的卵巢还是别的什么地方。毫无疑问，这的确是真正的母性之爱。

从这里我们感到了狼蛛的心胸是多么宽广，不管这群小家伙是否亲生，狼蛛都一视同仁，加以保护。心胸宽广，懂得宽容的人，是最有爱心的人。

　　我另外描述过粪金龟是如何施展其非凡才干来照料小粪球的，那些小粪球既不是它自己的作品，也没装载它的子女。它满腔热忱，乐于承担这额外的辛劳。它为陌生的粪球刮去霉点，其实那些粪球数量大大超过了正常的巢穴。它轻手轻脚地为它们刮擦、打磨、修整。它留意倾听它们的举动，监察每一个婴儿的生长。真正属于它自己的收藏品，所得到的关怀照顾也不过如此吧。它的血肉也好，别人的血肉也好，对它来说都是一回事。狼蛛同样也不在乎。我拿起一支画笔，把那只蜘蛛身上的活包袱扫落在另一只盖满小家伙的蜘蛛身旁。被赶出家园的小东西四处乱窜，找到了新妈妈伸出的腿，于是都身手敏捷地爬上去，攀到那只乐于助人的大家伙背上，而那大家伙安安静静地任由它们摆弄。它们悄悄钻进其他小家伙当中，如果这一层挤得太厚实了，它们也会冲到前面去，从腹部到胸部，甚至到头部，不过还是小心地不盖住母蛛的眼睛。它们不会让母体失明，这是一般的安全要求。它们明白这点，不管拥挤到什么程度也决不侵犯眼球。此时这只动物全身都盖满了地毯似的密密麻麻的小蜘蛛，只除了腿部和身子底部以外，因为腿部要保证行动自由，而身子底部与地面接触，是它们不敢涉足的地方。我用画笔让第三家人聚到那只已经负担过重的蜘蛛身上，它又心平气和地接受了。小家伙们挤得更紧了，它们分层安置，一只伏在另一只顶上，这样它们全部找到了自己的位置。这时母蛛也不像只动物了，成了一个无法形容的毛烘烘、四处走动的家伙。小家伙们频频跌下来，又不停地爬上去。

我发觉这个实验只能测出蜘蛛平衡能力的极限，却没法探到母蛛仁义的底线。母蛛愿意无休无止地收留流落在外的孩子，只要它背部的尺寸足够让它们牢牢伏住。我们就此罢手吧，让每家孩子回到自己的妈妈那儿，当然这就得听天由命了。它们一定会互相交换，不过那并不重要；在狼蛛的眼中，亲子和养子是一回事。

人们也许想知道，如果我不施诡计，在我没有干预的场合，那天性善良的保姆是否有时也会驮上另一家子呢；人们也想了解，合法子女和外来者融为一体又会发生什么情况。对于这两个问题，我有充足的资料来回答。我曾经在同一只笼子里安置了两位驮着小家伙的母蛛，每一位都让自己的家远离对方，当中可以放下一只普通盘子，距离有九英寸多，那还不够。若一亲近，马上就会在这两个狭隘的家伙中点燃嫉妒的烈焰，这两个家伙只能各居一方，以保证彼此拥有合适的狩猎场地。一天早上，我撞见这两个老泼妇在地板上大打出手。输了的一方仰躺在地上，战胜者肚皮压在对手的肚皮上，用腿紧紧卡住对方的腿，让它动弹不得，双方的毒螯张得大大的，准备开咬，却又不敢轻举妄动，彼此还是有些忌惮。稍候片刻，双方仅仅是互致恐吓之后，胜者，就是上面那只，合上了它致命的武器，啃下了败者的头。接着它平静地小口小口地咽下了死去的蜘蛛。在妈妈被吃掉的时候，那些小家伙们在干什么呢？它们很容易安抚，对这残忍的一幕视而不见，纷纷爬上胜者的背，在合法子女中默默地找到自己的位置。那女魔头一点也不反对，把它们当成了自己的孩子。它把妈妈当饭吃了，又把孤儿们收养下来。还要补充一点，在最后的放飞之日到来前，在往后很长一段日子里，它都会不分亲疏、一视同仁地驮着它们。从今以后，这两家就合为一家了，而它们结合的方式竟是如此悲惨。我们发现，在这时谈论母爱及其表现形式将是不合时宜的。

狼蛛究竟会不会给挤在背上达七个月之久的小蜘蛛喂食呢？当它捕到猎物后会不会设宴招待它们呢？有可能，一开始我是这么以为的。我一心想要参加这家宴，对观看母蛛进食格外用功。通常情况下，猎物都是在看不见的洞穴里给吃掉的，但有时就餐活动也会在洞口的露天进行。此外，还有一个方便的法子，将狼蛛和它那一家子养在金属网笼里，铺上一层土，笼中的俘虏做梦也不会想在土里挖个洞，因为这时已过了挖洞的时节，于是一切都在光天化日之下进行。当作妈妈的大嚼大咽、吃香喝辣的时候，小家伙们待在背上的大本营里一步也不挪动。谁也不离座，也不表现出丁点儿想溜下去赴宴的意思。做妈妈的也不招呼它们下来补充营养，也不给它们留下残汤剩饭。它吃着喝着，而小家伙则在一旁观看，或者更确切地说，是对发生的一切无动于衷。它们在母狼蛛大饱口福时完全不动声色，这表明它们拥有一只不知饥饿的肚子。

那么在妈妈背上度过的这七个月培育期，它们靠什么维持生命呢？有人认为是母体提供了分泌液，因而幼虫们照寄生虫的方式靠妈妈来养活自己，如此逐步榨干它的体力。我们必须摒弃这种观点。我从不曾见到它们将嘴凑到外皮上，那里应该是母蛛的某种乳头。另一方面母狼蛛也绝不是一副精疲力竭的憔悴样子，反而身强体壮，丰满肥硕。它带完了孩子后同开始带孩子时一样大腹便便。它并没有消瘦，一点儿没有，相反还长了肉；它养精蓄锐，好在明年夏天养育一个新的与现今这个一样庞大的家庭。旧话重提，那些小家伙究竟是怎么保持体力的呢？要说能量储备来自卵，我们可不太相信，因为果真如此的话那些小家伙就不会那么消耗生命力了。而且我们还想到，蛛丝是无比紧要的物质，马上就会大有用途，为了制造蛛丝，储备物质也应该尽量省着用，所谓储备本身也不过是些聊胜于无（比没有稍微好一点儿。聊，这里是略微的意思）的东西。在这个细小动物的机体里一定还有其他力量在动作。如果在禁食的同时完全静止不动的话，我们还能理解，可纹丝不动却并不能算是活着。但是小狼蛛们，尽管常常在妈妈背上静养，却也随时准备活动活动，身手敏捷地拥来挤去。当它们从游荡的妈妈身上跌下时，会轻快地爬起来，机灵地攀上一条腿，登上顶端。真是一场聪明灵活、生气勃勃的精彩表演。此外，一旦坐好了位置，它们还得在群体中间保持平衡、稳定，它们得把细小的肢体伸出去，用力绷紧，以便抓牢邻居。实际上它们并不能完全休息。

生理学告诉我们，凡纤维活动都要消耗能量。动物在很大程度上与我们的工业机器类似，一方面要求更新机体，因为机体会随运动而有损耗，另一方面也需要将保存的热能转化为动作。我们可以将之与机车引擎相比。火车头在工作时逐渐磨损活塞、活塞杆、轮子、锅炉管道，所有的部件都得时刻保持良好状态。可以说是铸工和锻工替它修理，为它提供了"新陈代谢的食物"，这种食物已经融入机车整体之中，成了它的一部分。不过，尽管这食物刚刚来自引擎商店，它也还是死气沉沉的。要获得运动的能量，就必须要有司炉提供"造能食物"，换句话说，是他在机车内部点燃了几铲煤，这种热量推动机器工作，动物也是如此。所谓无因即无果，首先是卵为动物的新生儿提供了物质；接着有生物的锻工——促进新陈代谢食物让躯体的力量提高到一定的限度，躯体疲劳时又及时更新。同时司炉也在一刻不停地工作，燃料是能量的来源，只在系统里做短暂的停留，燃料消耗后制造了热量，由此产生了运动。生命就是一只机车锅炉火箱，在食物的刺激下，动物的机体开始行动起来，行走、奔跑、跳跃、游泳、飞翔，让自己的运动器官以成百上千种方式活动起来。

我们回到小蜘蛛的话题，它们在等待放飞的期间可是一点儿也没生长。我发现，七个月大的它们与初生时所见并无二致。卵为它们的细小身躯提供了必需的物质，而目前由于排泄而导致的损失极其微小，甚至可以忽略不计，只要小动物们不生长就不需要额外的促进新陈代谢的食品。这么一来，延长禁食期也就没什么困难了。可是问题依然存在，小狼蛛在必要时会活动身子，而且还很敏捷，那么提供能量的食物就是必不可少的了。如果动物完全没有吸收养料，那它行动所消耗的热量又来自何处？我陡然起了一个念头。我们常常说机器即使没有生命，也并不光是物体，因为人在其中注入了自己的思维。现在那只消耗煤炭口粮的铁兽其实是在啃咬积聚了太阳能的古代的蕨类。血肉之躯的行为也并无二致，不管它们是相互吞食，还是向植物索贡（索取贡品），它们总是一成不变地在太阳热能的刺激下发育生长，而太阳的热能储存在草、果实、种子以及以这些为食的东西上。太阳，这个宇宙的灵魂，是至高无上的能量施主。会不会是这种太阳能直接注入动物体内，为它补充活力，就像电池为蓄能器充电一样呢？这样动物就不用进食食物，经历胃肠化学分解那并不光彩的循环过程了。既然我们发现我们消耗的并不是果实而是果实里的阳光，那为什么不以阳光为食呢？化学这位大胆的革命家，承诺要给我们提供合成食物。实验室和工厂将取代农场的位置。

为什么不让自然科学也插上一手呢？自然科学会将促进新陈代谢食物的制作交给化学家的曲颈瓶，而自己则承担供给能量食物的制作工作，到时候，这所谓供应能量的食物也就名副其实，不再有什么了不起了。在一些精巧器械的协助下，每天都有一定份额的太阳能打入我们体内，随后消耗在运动上，我们的机体动作不停，却无需肠胃一类的器官掺合进来，有它们掺合常常是一桩苦事呢。人的午餐若成了一道阳光，那该是多么快乐的世界啊！那是一个梦，还是对遥远未来的预测呢？这可是科学能给我们提出的一个最重要的问题。

要考察它的可能性，还是先让我们听听小狼蛛摆出的证据吧。它们在七个月里没有任何物质营养，却在活动中消耗了体力，它们绷紧自己的肌肉组织，直接用热和光更新机体。还在妈妈身后拖着卵袋的时期，它就在一天中最好的时光里将它的卵袋举起迎向太阳。它用两条后腿将那小丸从地上提起，让它彻底沐浴在阳光里。它不停地转动小丸，好让每一面都接受到那催生万物的光线的恩施。是啊，这种生命之浴，曾唤醒了胚胎，此时又继续给柔弱的小宝贝们提供能量。每天，只要天空晴朗，狼蛛就驮着儿女们从洞里爬上来，靠在洞口，享受阳光浴，乐不思蜀。这时伏在妈妈背上的小家伙们便快活地舒展肢体，狂饮热流，吞食动力，吸收能量。它们一动不动，但只要我吹上一口气，它们就会机灵地四下逃窜，仿佛有飓风袭来。它们急急忙忙地一哄而散，又急急忙忙地聚成一团，这不正好证明了没有任何物质营养补给，那些小虫子也总是冲劲十足，行动敏捷吗？天光暗淡下去以后，饱餐了一顿阳光的母子们又爬回下面。这一天太阳餐厅的能量大宴宣告结束。只要天公作美，每天都会旧调重弹，直到放飞之日来临，到那时它们才吃下第一口固体食物。

天生攀岩家

导读：成年后的蜘蛛不是在灌木丛或墙角里结网，就是隐藏在地洞中生活。你可知道，这些蜘蛛在幼年时都是天生的攀岩家。当准备离开家庭独自生活时，它们会爬上所遇到的"最高峰"，然后等待一场风。

三月过去了，在天清气爽的日子里，在上午最热的时光中，小蜘蛛们开始踏上离家的路。狼蛛妈妈驮着它拥挤的一家子，爬出洞穴，蹲在洞口边沿。它听任它们随意行事，似乎对眼前的一切漠不关心，既不鼓励也不挽留。谁要走，谁要稍缓一步，全都无所谓。这几个第一批走，那几个随后走，这得取决于它们是否觉得自己泡够了阳光浴。小家伙们成群成群地离开妈妈，在地上乱窜一阵后便迅速爬到笼子的网格上，它们的爬行速度真是快得惊人。它们钻出网眼，径直朝笼顶爬去。它们一个不落全都直奔高处，从狼蛛突出的恋土习性来看，它们本该在下面穿梭才对。但所有的狼蛛都往笼顶上跑，这究竟为的是什么，我还真猜不出来。我从笼顶上安装的竖环得到了一丝线索，小家伙们全是奔那儿而去的，它对它们来说就是体操馆的门廊。它们在洞眼间拉上蛛丝，又将丝从圆环连到最近的网格架。它们就在这些"独木桥"上表演荡绳绝技，而身边不断有同伴来来往往。小小的腿儿不时地张开往四下里伸展，仿佛要探到最远的峰顶。

我开始理解了，它们都是杂技演员，所追求的高度远非笼顶这类东西可及。我在格架顶上立了一根树枝，将攀爬高度又加了一倍，这群闹哄哄的家伙急忙顺杆爬去，爬到高处，吐出丝来。这样一来便造出许许多多吊桥，而我的小家伙们身手敏捷地在吊桥上奔忙，不歇气地跑来跑去。人们也许会说它们还盼望爬得更高一些。我愿意尽力满意它们的心愿，我拿来一根九英尺长的芦苇，细长的苇秆长得笔直。我把芦苇立在笼子上，小狼蛛们爬到秆尖，在这儿，纺丝坊又拉出更长的蛛丝。开始蛛丝还吊在空中飘荡，后来丝尾随便粘上附近的什么支撑物便又搭成了吊桥。

这些高空飞人踏上吊桥，组成一串串花环，即使再轻微的风也能优雅地荡起花环。蛛丝是看不见的，除非它正好在阳光下，而在阳光下整个蛛网让人想起表演高空芭蕾的一排排飞蚊。接着，在气流的拨弄下，那精巧的丝网突然断开，在空中飘飞。看哪，这些移民们粘在自己吐出的丝线上飘来荡去。如果顺风，它们能在很远的地方着陆。就这样，它们的离家之行要持续一到两周，它们成群地舍家而去，数目有多有少，依当天的气温和晴雨而定。如果天空不放晴，谁也不考虑出走的事，旅行者们需要阳光之吻，阳光给予它们能量和活力。最后全部子女都乘着自己的飞绳消失在远方，只剩下妈妈独自一个。

失去儿女，它似乎并不显得有多悲伤。它依旧神采奕奕，依旧丰满肥硕，这表明母爱的负担于它而言并不太重。我还注意到它对捕猎的热情高涨了起来。当它驮着一大家子时，饮食格外节俭，只接受眼前到手的猎物，相当克制。寒冬也许让它胃口大减，又或许是小家伙们的重量妨碍了它的行动，令它在捕杀猎物时更加谨慎，现在好天气让它高兴了起来，行动上又无滞碍，于是每当我在它洞口放一点儿它喜爱的虫子时，它便会匆匆地冲出洞穴，从我手指上取走美味的虫子。只要我有空，这种场面每天都会重演。经过一个节俭的冬季，纵情欢宴的时候到了。这样的胃口告诉我们那动物并没有濒临死亡，如果肠胃衰竭，是不会如此豪吃海喝的。我的寄宿生们生气勃勃地开始了第四年的生活。冬季，我常常在野地里发现驮着儿女的大块头妈妈，其他蜘蛛的个头只有它们的一半多大。由此可见那一群代表了三代。此时我陶盘里的老太太，在子女离去之后，依然坚持下来，还像从前那么强壮。种种外在迹象告诉我们，在做了曾外婆后，它们仍然保持着繁衍种族的能力。

事实证明了这些预测。待时光又到九月时，我的囚徒们拖上了与去年一样鼓胀的囊袋。在很长一段日子里，这些妈妈每天都爬到洞口，托起那皮囊，让阳光来催生，即便别的蜘蛛早在几周前就孵出了卵，它们也一样我行我素。它们的坚持不懈并没得到回报：光滑的皮囊没有生出任何东西，里面没有任何动静。为什么？因为它们关在笼子里，没有父亲给卵子授精。它们终于不耐烦等下去，也明白这次是绝收了，于是便把卵袋推出洞口，不再费心了。当春天再次降临，按正常规律出生的蜘蛛后代放飞之时，它们断了气。所以说，蜘蛛这荒原一霸比它的邻居金龟子要高寿得多：它至少要活五年。

现在我们还是让妈妈们去忙自己的活儿，回过头来关注小蜘蛛吧。当我们看到，小狼蛛们一获自由便急不可耐地朝高处攀去，心里不能不为之讶异。它们天生注定要生活在地面，先是待在矮草丛里，随后找个地坑定居下来，再也不搬了，可它们在一生的旅程之初却是狂热奔放的杂技演员。在降落到平常低矮的住所之前，它们只偏爱陡峭的高地。更上一层楼是它们的第一个要求。看来我尽管立了一根九英尺的杆子，杆子上的枝条分布适当，方便攀登，可仍然没能探及它们攀爬本能的极限。那些急匆匆攀到最高枝条的蜘蛛挥舞着腿脚，往空中伸展，仿佛要探寻更高的枝条。我们应该重新开始，给它们提供更好的条件。

法国狼蛛通常有恋土之俗，却一时迷上了登高，这让它比其他种类的蜘蛛显得更有趣。尽管如此，它在离家的时刻却不怎么引人注目，因为小家伙们并不是一哄而散，而是一小批一小批分先后离开妈妈。如果是普通园蛛或是背上饰有三个白十字的十字园蛛（也叫王冠蛛），场面便会好看了许多。它十一月产卵，第一股寒潮一来就断了气。它可不如狼蛛长寿。早春时节离开孵好的卵袋后，它就再也见不着第二个春天。这只装着卵的皮囊全无环带园蛛和纺丝大蜘蛛卵袋的精巧结构，对那精巧的卵袋我们真是敬佩有加。这儿我们见不到优雅的气球形状，也见不到有着星形底座的抛物面；再也没有坚韧、防水的光滑材料，再也没有天鹅绒似的东西，再也没有包裹着卵的内桶。这儿对结实布料的制造和间隔套间隔的构造都一无所知。十字园蛛的作品是白丝小丸，由柔软的毡料织造而成，新生的小蜘蛛可以轻而易举破囊而出，无须早已过世的妈妈帮忙，也不必依靠卵袋在某个时刻自动裂开。它的大小似李子，我们可以从其结构判断出制作方法。就像前面那只在我的陶盘里忙活的狼蛛一样，十字园蛛在相邻几个物体间扯上几根蛛丝，然后在蛛丝支撑下，开始做一只浅浅的盘子，浅盘做得相当厚，免得往后再来加固。你很容易猜出整个过程。腹尖从上往下，又从下往上均匀地敲打着，同时这工匠的位置也稍有移动。吐丝器往已经织好的丝毯上一次添上一点儿蛛丝。当厚度达到要求后，蜘蛛妈妈便倾囊而出，不停歇地把卵都产到丝盆中央。那些卵呈漂亮的橘黄色，卵身湿漉漉的，粘在一块儿，形成一个球状的卵团。吐丝器又重新开始工作。卵团上罩上了一个丝帽，模样就像刚才那只浅口盘。这上下两半严丝合缝，组成一个完整的球体。

环带园蛛和纺丝大蜘蛛是做防雨材料的专家，都把卵产在高处，放在灌木丛和荆棘堆里，完全无遮无挡。用来做卵袋的厚织物足以保护卵不受冬季严寒的侵袭，它甚至还能防潮。而十字蜘蛛（或称王冠蛛）则需要找个缝隙来放自己的卵，因为它的卵是装在不防水的毡料里的。它会在完全敞露在阳光里的石堆间挑选一块大石板当屋顶。它将它的小丸安置在下方，与冬眠的蜗牛做伴。不过它更偏爱那些长得密密麻麻、缠成一团的矮小灌木，那样的灌木有八九英寸高，冬季叶子常青。找不到更好的地方的话，一堆草丛也能派上用场。不管卵袋放在什么庇护所，它总是贴近地面，越隐蔽越好，周围都有枝叶纠结。我们发现，除了有大石头当顶的地方，它选的地点都不怎么符合卫生要求。园蛛似乎意识到了这一点。即使是在石头下，它也总不忘为自己的卵搭个顶，添一层保护。它用一点儿丝将一些细碎干草粘合起来，罩在卵上。卵子的寓所变成了一个草棚。

我真是鸿运当头，在围墙里的一条小径边上，在几丛地丝柏或黄衣草当中，找到两个十字园蛛的巢。这就是我计划中的所需之物。这一发现显得非常珍贵，因为它们离乡的日子近了。我准备了两段长约十五英尺的竹竿，竹竿从顶到底都长有小枝条。我在第一个巢旁栽下一根竹竿。我把周围地面的乱草杂物都清理干净，因为如果蛛丝被风一吹，那些茂盛的植物随随便便就可以把移民带离我为它们设置的大道。另一根竹竿我立在院子当中，竹竿孤零零的，离任何突出的物体都有一段距离。第二个巢连灌木及所有东西都原样搬到枝条参差的高竿底下。预想中的事情不久来临了。五月头两周，这两家子，一家稍早，另一家稍后，各傍着一根攀爬的竹竿，离开了各自的皮囊。

它们离家的方式倒不出奇。这些外来者的领地是由一个非常松散的网络构成，它们蜿蜒穿行其中。这是些小小的橘黄色虫子，身子后部顶着块三角形黑斑。只需一个上午，一家子就露面了。这些放飞的小家伙们逐渐爬到最近的枝条上，爬上竿顶，吐出几根丝来。很快它们就集合起来，聚成球形，有胡桃那么大。它们全部把头塞在里面，屁股露在外面，一动不动，静静地打着瞌睡，让阳光哺育它们茁壮成长。它们腹中藏有丰富的蛛丝，这是它们唯一的继承物，它们打算借此奔向广阔的世界。我们来用根小草戳戳那团蜘蛛球，给它们制造点儿混乱。所有蜘蛛马上醒了，球体轻轻张开、胀大，仿佛有股离心力在起作用。它成了一个半透明的球，里面有成千上万条细腿在抖动，蛛丝也随之拉伸开来。整个球完全散开了，变成一道精美的纱幕，上面散布着蜘蛛的整个家族。于是我们就看到一团优美的星云，在它乳白色的底子上，小动物们就像闪闪的橘色星星。

这种星罗棋布的状态，尽管会持续数小时之久，却也还是一时的现象。要是冷风吹来，或者大雨临门，它们马上又会聚成球形。这是一种保护措施。在一个暴雨过后的早上，我发现每根竹子上的家庭都跟头天一样完好无损，蛛丝纱幕和球形结构为它们有效地挡住了倾盆的大雨。绵羊也是这么做的。当羊群在牧场突遇风雨时，大家就会聚拢来，挤成一团，用背部共同抵挡风雨。劳顿了一上午后，即使是风停雨歇的晴朗天，它们通常也会聚成球形。下午时这些爬虫们便纷纷爬到高处，在那里它们织出一个圆锥形帐篷，就以一根竹枝的枝尖为篷顶，它们紧紧地挤成一团，就在帐篷下过夜。

第二天，当气温又回升时，那些登高者便又排成长长的纵列，沿着纱幕往前走，这纱幕本是几个蜘蛛先锋草草编成的，后来者又动手细细补缀（补缀，修补连结的意思。缀，zhuì）。在三四天里我的这些小移民们每天晚上都团成球形躲进一个新帐篷里，一直等到早上太阳晒热了才出来，它们就这样在两根离地十五英尺的竹竿上一步步成长，直到吸收了应有的光照量。它们的攀高行动因为没有立足点而宣告结束，在通常情况下，它们不会攀得这么高。小蜘蛛们控制的领地一般是矮树丛和灌木林，它们可以提供各个方向的支柱，粘在上面的蛛丝被气流一吹就到处飘散。有了这些架在空中的蛛丝桥，它们离开枝叶就一点也不难了。

每个移民都有自己离家的吉时，都有自己最适合的离家方式。我的布置多少改变了它们的环境。那两根柱子离周围的灌木丛都有些距离，院子当中的那根尤其如此。搭桥是不可能的了，因为荡在空中的蛛丝都不够

在我们成长的道路上，如果我们不能驾驭外界，我们就驾驭自己；如果我们不能改变环境，我们就适应环境；我们要懂得随时调节自己，积极乐观地面对一切。

长。于是那些一心想离去的杂技演员就一直往上爬，再也不回头，它们被逼着往高处去寻找低处找不到的合适地方。我的两根竹竿大概也还是不够高，测试不出那些攀爬高手能达到的极限。

我们马上就能明白这种攀爬嗜好的目的。园蛛拥有这种本能是相当引人注目的，因为它们的领地是低矮的灌木丛，它们就在灌木丛里张网织罗。而狼蛛拥有这种本能就更令人吃惊了，因为除了走下妈妈后背的那一段时间，它再也不会离开地面，可在它扬帆启航之际，却同幼小的园蛛一样表现出一副依恋高处的模样。我们还是对狼蛛作一番特别分析吧。它在离家之时突然激发出一种本能，几个小时后它又迅速而且永远地失去了这种本能。这就是攀爬的本能，是成年蜘蛛所不知，而获得自由的幼蛛很快忘却的本能。在日后漫长的时光中那些幼蛛必将在地面上流浪奔波，哪怕是草茎尖也不会有谁想去攀爬。完全成年的蜘蛛惯于下套捕猎，它躲在堡垒里伺机而动；幼小的蜘蛛则在矮草丛里徒步捕猎。两者都没有张网，因而也不需要高处的接触点，它们不可能离开地面去爬高。然而我们在此见到的幼狼蛛，只想离开儿时的家，用最简便、最迅捷的方法远游，于是突然变成了狂热的攀岩家。它急颠颠地攀上出生地——笼子的金属丝格，匆匆忙忙地蹿到我为它准备的高竿上。如果是在荒原，它也会照样爬到灌木枝尖上。我们对它的目的有所觉察。在高处它可以窥见下面广阔的地域，然后吐出一根垂丝。风吹动蛛丝，也将粘在上面的它吹了出去。我们有我们的飞机，它也有它的飞行器。一旦旅行结束，这种聪明本事便消逝得干干净净，不留痕迹。天生的攀高能力在需要之时陡然现身，又陡然消失，好一个来去无踪啊。

蜘蛛离乡记

导读：有些植物用"爆裂"的方式撒播种子，蜘蛛们竟然也有用这种方式的。到了离乡的日子，小蜘蛛们就要以各种各样奇妙的方式踏上远行的路了。

种子在果实里成熟以后，便会播散出去，也就是说，种子撒落到地表上，从空隙处发芽抽条，在适宜的环境中茁壮成长，变得枝繁叶茂。路旁的废物堆中长出了一种葫芦属植物，通常称为喷瓜，它的果实是一种皮粗、味苦的小黄瓜，大小像颗椰枣。果实成熟后，肉质的果心化为汁液，种子便漂浮在汁液中。由于受弹性果皮的挤压，这种浆质果肉便会全部压到瓜蒂上，瓜蒂慢慢给推出去，本来还像个塞子，现在却崩开了，口子一开，一股夹着种子的果肉便猛地射了出来。如果你不懂个中蹊跷，在烈日当空时去摇晃那株挂满了黄色果实的植物，那么树叶间传来的一声爆响和兜头浇来的黄瓜弹雨一定会让你受惊不小的。

凤仙花的果实成熟时，随便一碰，便会裂开，形成五个肉质果荚，果荚卷起来，将种子向远处弹去。凤仙花的生物学名称是 Impatiens balsamina，也就是朔果突然开裂的意思。它的确是一触即发。在林子里潮湿阴暗之处还生长着另一种凤仙花属植物，也是出于同一个原因，得到一个更富有表现力的名字"别碰我"（宝石草）。三色堇的蒴果会胀开，形成三个荚，每个荚弯成船的样子，船中央盛着两排种子。当这些果荚干枯后，边缘就皱缩起来，挤压种子，将之弹射出去。

轻质种子，尤其是菊科植物的种子，都有航天装置——顶绒、羽毛、飞轮——这些装置让它们飞上天，飞到远处。蒲公英的种子就是这样，种子上有一束绒毛，随便吹上一口气，种子就会从丁花托上飞起来，在空中东飘西荡。翼瓣的作用仅次于绒毛，也是凭借风力播种的最合适的工具。黄色桂竹香种子的膜状边缘看似薄薄的鳞片，多亏有了它，种子方可飞到高高的建筑物飞檐上，飞到难于攀上的岩石缝隙里，飞到旧墙老壁的裂缝中，在残余的一点腐殖土里发芽。这些腐殖土是比它们早到的苔藓的遗物。

榆树的翼果由一片宽宽的轻质扇翼组成，种子就封在中央位置；槭树的翼果是成双成对的，像展开的鸟翼；桦树的翼果就像向前伸出的桨叶，一遇大风雨就会奔向极远的他乡。同植物一样，昆虫有时也拥有旅行装置。这是它们开花散枝的工具，有了它，数目庞大的家庭便可以迅速向野外扩散，每个家庭成员都可以占据一方天地而不致伤害邻居。而它们那些装置，那些方法，完全可以在才智上同榆树的翼果、蒲公英的绒毛和喷瓜的弹射一决高下。

我们还是来特别关注一下园蛛吧。这些了不起的蜘蛛为了捕猎，要在相邻两株灌木间拉上一条垂直的大网，就像捕鸟网一样。我这一区最打眼的要数环带园蛛，它身上饰有美丽的黄、黑、银白彩带。它的巢堪称魅力四射的杰作，是一个缎质的袋子，形状像个微型梨。颈部顶端有一个凹进的口子，口子上套着一个盖子，也是缎质的。

棕色条纹就像怪诞的子午线圈，在这物体的南北两极之间绕环。打开巢穴，里面的东西我们在前面虽已见识过了，但是从头再来一遍也许印象更深。外层包裹物同我们的纺织品一样结实，而且还具有绝佳的防水性。这是一种相当精致的黄褐色丝质绒毛，好似一团轻烟。世界上再没有哪个妈妈准备的婴儿床比这更柔软。在这团羽绒般的物体中挂着一只顶针形的丝质小袋，袋子上罩着活动盖。小袋里就装着卵，呈漂亮的橘黄色，约有五百个之多。

看到这一切，难道你不认为这幢可爱的大宅就是动物的果实，胚芽的外匣，可与植物蒴果媲美的包膜吗？只是，园蛛的小袋里盛的不是种子而是卵。看起来它们似乎大相径庭，其实卵和谷种是一回事。那么，这颗活生生的果实，在蝉类挚爱的热浪中成熟后，将以怎样的方式破裂？最重要的是，那种子要怎样去撒播呢？它们可有成百上千之多。它们必须分道扬镳、离群独居，这样才不用太担心与邻居的竞争。它们那么弱小，迈着那么细碎的步子，该怎样才能奔赴远方呢？

我从另一家早就出世了的园蛛身上找到了第一个问题的答案，它们是五月初我在围墙里的丝兰花上发现的。丝兰花去年开了花，花茎仍然翘立如故。在剑锋形的绿叶上聚着两家刚孵出来的蜘蛛。这些早早就钻出来的小虫子呈暗黄色，臀部上有一块三角形黑斑。后来它们的背上泛起了三个白十字，这样我才把我发现的虫子跟十字园蛛（或称王冠蛛）联系了起来。当太阳光照到院子里这个角落时，其中一家蜘蛛乱成了一锅粥。那些身为高明杂技家的小蜘蛛一个接一个地往上爬，爬到花枝头上。这时队列突然散了形，朝正反两方向行进的都有。大家乱成一团，原来是一阵微风吹乱了队伍。

我看不出它们有什么整体的策略。每时每刻枝头上都有蜘蛛离去，一个接着一个。它们猛地弹了出去，也可以说是飞了出去。它们仿佛长出了一对蚊子的翅膀，突然间就消失不见了。

我目力所及的一切是无法解释这种奇特飞行的，因为在室外嘈杂的环境中根本不可能进行周密的观察。那儿缺乏书房里那种安宁、平静的气氛。我将另一家子装入一只大盒子，马上盖上盒盖，把它安置在动物实验室的小桌上，离敞开的窗子只有两步。我从刚才所见得知它们酷爱攀高，因此我给实验对象们拿来一捆枝条，有十八英寸高，作为它们的爬杆。整个队伍急匆匆地爬上去，爬到杆顶。只一小会儿它们就一个不落地全到了高处。稍后我们会知道它们为什么在枝条突出的梢尖集合。此时各处的小蜘蛛随心所欲地织起了网：只见它们蹿上去又跳下来，又蹿上去。这样就织成一条边缘参差的纱巾，一张多角形的网，它以枝兜为顶点，以桌缘为底边，约有十八英寸宽。这片纱巾就是训练场，就是工作间，它们在这儿做好一切离乡的准备。这些卑微的小生命总是一副火烧眉毛的样子，精力充沛地跑来跑去。当太阳照到它们身上时，它们就变成闪烁的亮点，点缀在奶白色的纱幕上，好似某个星座。望远镜给我们展示了天空无穷无尽的星系，这便是天上遥远的小星点的投影。无限小的东西和无限大的东西在外形上何其相似，只是距离远近不同而已。不过那鲜活的星云并不是由固定的星星组成，相反，它的星点时刻在动。网中的幼蜘蛛一刻不停地移来移去，许多干脆让自己掉下去，悬在一段蛛丝上，这是吐丝器被蜘蛛重量拖出的丝。接着它们又飞快地顺着这根丝爬上去，慢慢地将这根丝柔成一束，接着又跳下去拉长蛛丝。其他蜘蛛始终都在网上跑来跑去，在我看来也像是在制造一捆绳子。

　　说实话，蛛丝并不是从吐丝器里流淌出来的，是用力挤出来的。这是一种榨取，而不是排泄。蜘蛛为了获取它那纤细的绳索，不得不四处走动、拖曳，有的靠坠落，有的靠行走，就好比制绳工人在搓纤维时倒退着行走一样。此时在训练场上演示的活动是为即将来临的离乡做准备。旅行者们整装待发。很快我们就看到一些蜘蛛在桌子和敞开的窗户间迈着轻快的步子一路飞跑。它们是在半空中奔跑，可究竟在什么上面呢？如果光线适宜，我仔细看的话，有时也能看到，在细小的动物身后有一根好似光芒、时而闪现时而隐没的蛛丝。所以说，它身后有一个拴系它的东西，勉强可以看出来，如果你细心看的话。

　　但是在前方，朝向窗口的地方却什么也看不到。我上下左右仔细检查，一无所获；四处扫视，仍然一无所获：我找不出一丝一毫可以支撑那小生命往前走的东西。人们也许会认为小家伙们正在空中漫步，它让人联想到一只腿被缚住的小鸟正在向前疾冲。但是在这件事中，表面现象是具有欺骗性的：它们不可能飞翔，蜘蛛必定在空中搭起了一座桥。这座桥我虽看不见，却至少可以摧毁它。我拿一把尺子在蜘蛛和窗子之间的空中劈过去，一举奏效：细小的虫子立马不再往前走，掉了下去。看不见的踏板断了。

　　我儿子小保罗是我的帮手，这魔杖的一挥也让他大吃一惊，因为即使是他，有着一双灵动、年轻的眼睛，也没能看出往前走的蜘蛛脚下的支撑物。另一方面，它们身后的蛛丝却可以看见。这其实很容易解释。每一只蜘蛛都会一边走一边纺出一根保险带，这保险带会给时刻有跌落之险的走钢丝者提供保护。所以说，身后的线是双股的，看得见，而身前的线仍是单股的，几乎难以察觉。显然，这座看不见的桥并不是由虫子架起来的，而是由一股风托送出去的。园蛛纺出这根丝以后，就任由它在空中飘荡，而一旦起风，不管那风有多轻柔，蛛丝都会乘风而起。即便是烟斗朝空中喷出的一口烟也不例外。这根飘浮的蛛线只要碰上附近任何一样东西，都会粘在上面。吊桥放下来了，蜘蛛也就可以出发了。据说南美洲的印第安人用匍匐植物（茎平卧在地上生长的植物）枝条扭成旅行吊篮，乘着它凌空飞越了科迪勒拉山系（纵贯南北美洲大陆西部的褶皱山系）的深渊。而小蜘蛛们在空中穿行凭借的是无影无踪无法衡量的东西。不过要将那飘浮的蛛丝送到彼岸，还需要一股风。

此时在我书房的门窗之间就有股过堂风，因为门和窗都是敞开的。风无比轻柔，我根本没感觉到，只是看到烟斗喷出的烟缭绕着朝那个方向飘去，这才明白有风的存在。冷空气从门外跑进来，暖空气由窗里逃出去。这就是那股托起蛛丝的风，蜘蛛因而可以启程上路。

我将两个开口通通闭上，断了风的来路，又用尺子在窗口和桌子间挥舞一番，将通道全部扫荡干净。随后，在一片寂静气氛中，离乡之路断了。气流不复存在，丝束也不再飘开，它们无法再向外迁移。然而迁居工作马上又恢复了，这次的去向我真是做梦也想不到。热辣辣的太阳正照射在一块地板上，这块地方比别处暖和一些，因而产生了一道更轻一些的上升气流。如果这道气流托起蛛丝，我的蜘蛛们就应该升到天花板上，它们的确是朝这个异乎寻常的方向攀去。不幸的是，经过窗口大逃亡之后，我的队伍已经大大缩小了，不适合再做进一步的实验。我们必须重新开始。

第二天上午，我在同一株丝兰花上采集了第二个家庭，其成员的数目与第一个并无二致。一切同昨天一样准备就绪。我的蜘蛛军团首先在自己领地里的那根长杆梢尖和桌子边沿之间织起一张边缘参差的网。五六百个细小的虫子遍及这工作间的各个角落，当它们在这个小小的世界忙成一团，为离乡大做准备之时，我也在做着自己的安排。房里的每一个出入口都堵上了，为的是制造一个尽可能无风的环境。我在脚边放了一只点燃火炉。我的手放在与蜘蛛正织着网齐平的位置，感觉不到火炉的热力。微弱的火力引出一般上升气流，从而可以把蛛丝吹直，送上高处。首先我们要查明气流的方向和力量。充任我的向导的是蒲公英绒毛，摘去种子的绒毛又轻了几许。我在火炉上方，与桌子齐平的位置松开绒毛，它们慢慢朝上飘去，大部分都飘到了天花板上。

移民们走的应该也是这条上升的路，甚至它们还会走得更漂亮些。没错，一只蜘蛛往上攀去，我们旁观的三人看不到它的支撑物。它抖动着八条腿在空中漫步，它轻轻摇摆着身子往上攀爬。其他蜘蛛跟了上去，有时走另外的路，有时走同一条路，跟上的蜘蛛越来越多。任何不解个中诀窍的人看到这个不靠梯子的登天奇术，都会露出一脸迷茫。一会儿工夫它们大部分都上去了，紧贴在天花板上，并不是所有的蜘蛛都爬到了那儿，有几只攀到某一高度后，就不再往上爬，甚至还落到了地上，尽管它们也使出浑身解数，拼命往前拨拉着腿脚。它们越是往前挣扎，就落得越快。如此飘来荡去，不但走过的路都白走了，甚至还会倒行退步。这里面的道理也很容易解释。蛛丝根本就没搭到高处的平台，它在空中飘荡着，只能粘在低处的端点。只要丝的长度适中，即使丝尾未能固定，它也能承受住那细小动物的重量。但是蜘蛛爬得越远，飘浮力就越小，终于蛛丝的上升浮力和它所承受的重量达到了平衡点。这时尽管这小家伙还在攀爬，它却无法再前进一步了。不一会儿，体重超过了越来越小的浮力，蜘蛛尽管仍在往前挣扎，却还是滑了下去。它最终被坠落的蛛丝带回到枝条上。

在这儿新的一轮攀高又马上开场，有的吐出新丝，如果丝的储存还未竭尽的话；有的则挑一根前面的蜘蛛织出来的丝攀登，通常它们都会到达天花板。那儿有十二英尺高，所以说那小蜘蛛虽然滴水未进，也能吐出足有十二英尺长的丝来，这可是它的纺织坊生产的第一件丝织品。而所有这一切，包括造丝者和它的纺织作品全都出自一颗卵，卵本身也不过是一颗聊胜于无的微粒。

瞧瞧小蜘蛛做出来的丝织品，那丝精细到何种程度！我们的工厂能制造出炽热状态下方能显形的铂丝。而幼蛛制造细丝凭借的却是简陋得多的工具，若论丝之精细，连灿烂的太阳光也无法轻易让它显形于我们眼前。我们千万不能让所有这些攀登家困在天花板上，那是一片荒原，待在那儿，它们大部分会丢掉性命，因为它们不饱餐一顿的话就再也织不出一根丝来。我打开了窗子，火炉上方那丝微温的气流便从窗口上方溜了出去。我之所以知道这点，是因为蒲公英绒毛奔那里面去了。飘荡在空中的蛛丝绝不会错过这股气流，它们会乘着这气流朝窗口延伸，而窗外正吹着轻风。我操起一把锋利的剪刀，小心地剪断几根蛛丝。它们的底端因为添加了一股，所以是看得见的。这手术真是效果惊人。蜘蛛就悬在飞绳上，乘风飞出了窗口，瞬时不见了。

要是那运载工具再装上舵，让乘客可以择其所好之地着陆，那该是多么方便的旅行啊！但小东西们的命运现在全由风来摆布。它们要降落在哪儿呢？也许是几百码外，也许是几千码外。我们祝福它们一路走好。离乡的问题现在解决了。如果没有我施计干预，整个过程在野外露天进行，那又会怎样呢？答案是显而易见的。小蜘蛛们是天生的杂技演员和走钢丝专家，会爬到树枝梢头，寻找一个视野开阔的位置，抖开它们的工具。只见它们一个个都从自己的纺丝坊里拉出丝来，抛到气流的漩涡之中。被太阳晒热的空气从地面往上升腾，蛛丝就在这热气流轻柔的抬升下，朝上飞扬、飘浮，寻找粘着点。最后蛛丝断了，消失在远方，上面还悬着那位纺丝姑娘。

身上有三个白十字的园蛛，那给我们提供了有关离乡之路首批资料的蜘蛛，它们的育儿事业还只算中等规模，它只为卵织了一个丝球做包囊。和环带园蛛的气球相比，它的作品的确很朴素。我希望那些气球卵袋能给我提供更为齐全的资料。我在秋季养了一些蜘蛛妈妈，因而储存了好些货色。这样我就绝不会错过任何要紧的事了。

那些气球大部分都是我亲眼看着织就的，我把它们合成两部分。一半留在我书房里，罩上金属纱网，再放几捆枝条做支柱；另一半放在院子里的迷迭香上，让它们经历露天的日夜交替。这些准备措施给人一种十拿九稳的感觉，却并没制造出想象中的场面。我指的是一场浩浩荡荡的出行，其精彩程度配得上它们占据的寓所。不过，有几个结果倒也有趣，值得我们关注。我们还是来简要叙说吧。

环带园蛛的卵一般在三月来临时开始孵化。假设我们在孵化期间将环带园蛛的巢穴剪开，会发现有一些幼蛛已经离开了中央舱室，爬到周围的绒毛上，其余的仍是一团密实的橘黄色卵。幼蛛并不是同时露面的，整个过程时断时续，也许要持续一两周。未来那件条纹丰富的外套此时还不见踪影。它们的腹部是白色的，或者说前半部是粉白的，而后半部是暗褐色的。身子的其他部分是淡黄色的，不过前面的眼睛却勾出了一个黑圈。小家伙们独处时，会一动不动地待在柔软的黄褐绒毛里。如果受到了打扰，它们就会懒洋洋地在原地拨拉几下，甚至也会踉踉跄跄地走上几步。看得出来它们在出门冒险之前得先强身健体。它们就是在包裹产房、填满气球的精致丝绒里发育完全的。这是它们修炼身子的候产室。它们一钻出中央小袋就扎进这丝绒中。直到四个月后，仲夏的热浪扑来时，它们才会离开这儿。它们的数目非常可观。经过一场耐心细致的人口调查，我得出将近六百的数字。

这些幼蛛全要从一个不比豌豆更大的小袋里出来。要施什么样的魔术才能使它容下如此庞大的家庭呢？这几千条腿是如何生长发育又不致互相挤拽的呢？我们在前面读到，卵袋是底部浑圆的扁柱体，是由密实的白色缎料制成的。这可是一层无法穿越的屏障。它前面开了一个洞，堵上一个同样质地的盖子，柔软的小生命不可能由此通过。它不是多孔的毡料，而是一种如麻布般坚韧的材料。那么，幼蛛是靠什么产出来的呢？注意到没有，盖子周边有一个窄窄的卷边，插入卵袋的开口里。同样，平底锅的盖子也是靠凸起的边缘卡在锅口上的；不同的是，在园蛛的作品里，盖边并不是贴在开口上，而是与卵袋或巢身合为一体的。当孵化期来临时，这片圆盖就松开、升上去，让新生蜘蛛通过。如果那边沿没有固定死，只是插入巢身的话，甚至如果全家都是同时出生的话，我们就会认为那扇大门是由门里住客的生命之波冲开的，它们可以齐心协力用背部推开门。我们大可以从平底锅的例子中找到类似的情形：平底锅盖可以被锅里煮沸的东西冲开。但是卵袋盖同卵袋是同一种材质，两者紧密地合为一体。而且，蛛卵的孵化是小批小批进行的，它们再使劲也白搭。所以说一定有一个自动的爆裂或者绽开的时候，类似于植物蒴果崩裂，无须小蜘蛛亲自出力。金鱼草的干果完全成熟时会打开三个窗口；海绿属植物的果实会裂成两片，就像打开的怀表；石竹的果实会打开部分果瓣，顶上开出一个星形天窗。每个包着种子的荚壳都有自己的开锁系统，只需要阳光的轻抚就能平稳地运转。环带园蛛的胚胎匣，就同那些干果一样，拥有爆裂开关。只要卵还没有孵出，门就紧紧卡死在门框里，严丝合缝；一旦小家伙们挤成一堆，想要出去，门就会自己打开。

　　六月和七月来临了，这是蝉所喜爱的季节，小蜘蛛也同样喜爱这个季节，到了这时，它们就着急出门了。对它们而言，穿越气球那厚厚的外壳的确不是一桩易事，看来第二次的自动开裂又在所难免了。这一次是在哪儿裂开呢？我突发奇想，觉得它会沿着顶盖的边沿裂开。记得前面章节里描述的细节吗？气球的颈部末端扩展为宽宽的火山口状，上面罩了一个杯形的顶盖。这一部分的材质同其他部分一样结实，不过，既然顶盖是这个作品的最后一笔，我们就期望能找出一处没有焊死的结合点，由此就可以打开顶盖。这种建筑方式欺骗了我们，顶盖是固定不动的。如果不把这房子从上到下通通摧毁，我的镊子绝不可能拔下顶盖。开裂的是别的地方，是侧面的某个地方。究竟会在哪里开裂，事前我们看不出任何痕迹，也找不到任何征兆。而且，说实话，这种开裂不是由某种精巧器械完成的，这是一种极不规则的开裂。在阳光的炙烤下，缎料裂开了一条锋利的口子，就像熟透了的石榴壳一样。从这结果判断，我们可以看出，是里面的空气被阳光加热后膨胀，造成了这种崩裂。内部压力的痕迹是一目了然的：缎料的裂口都是向外翻开的，而且总有一缕充填小袋的黄褐色绒毛散落在裂口处。小蜘蛛们被爆炸赶出了家门，这时在鼓出来的破絮上乱成一团。环带园蛛的气球是颗炸弹，会在炙热的阳光照射下轰然爆裂，放出里面的住客。这些炸弹需要三伏天猛烈的热浪才能引爆。处在我书房冷热适宜的环境里，大部分气球都没有打开，也没有幼蛛冒出来，除非我自己插上一手；有几只倒是开了一个圆孔，那孔非常整齐，恐怕是戳出来的。这个孔是球里囚徒的作品，它们在球体上的某个地方用牙齿耐心地啃出一个洞，然后一个接一个钻出来。但是留在院子里迷迭香上的气球，经猛烈的阳光一晒，轰然崩开，喷出一股夹杂着小虫的浅红绒絮。这就是野外充足的阳光沐浴下的正常分娩。环带园蛛的小袋无遮无拦地置身于灌木丛中，七月气温一升高，袋里的空气就胀开了袋子，小窝炸裂了，分娩也就顺利完成了。只有很小一部分的家庭成员随花哨的乱絮跑了出来，绝大部分还留在袋内。袋子虽然破裂了，却仍然被绒毛胀得鼓鼓的。既然大门已破，大家都可以随时离开，那么就择吉日而行吧，无须操之过急。

此外，在举家移居之前还要进行一个隆重的活动。那些动物必须蜕皮，而蜕皮并不是同时发生在所有蜘蛛身上的。所以撤离旧家的时间要持续几天，它们都是一小队一小队离家而去，扔下一堆蜕下的皮。那些踏上离家之路的幼蛛爬到附近的枝条上，在那里，在阳光曝晒之下，继续做着远游的准备。它们使用的方法与我们在十字园蛛的例子里见过的一模一样。吐丝器往风中抛出一根丝，蛛丝飘荡、断开，然后携着吐丝者一道飞去。无论是在哪一个上午，启程离去的蜘蛛都不太多，无法满足人们想看壮观场面的心愿。由于没有谁拥来挤去，整个场面显得毫无生气。

纺丝大蜘蛛同样也没有演出一哄而散的场面，令我失望之极。容我提醒一句，它做出的活计可是最漂亮的卵袋，仅次于环带园蛛的。卵袋呈钝状的圆锥形，上面罩着星形圆片。它比环带园蛛的气球的材质更结实，而且更厚，所以就愈发需要来一次自动爆裂。裂开的部位在卵袋侧面，距盖边不远。同气球爆裂的情形一样，它的爆裂也需要七月的酷热来帮忙。其原理看来也是空气受热膨胀，因为我们再次发现有一些填充卵袋的丝状绒絮跑了出来。所有家庭成员集体弃家而去，而且，这一次它们没有先蜕皮，也许是缺乏必要的空间，无法进行细致的蜕皮过程。它们的圆锥形卵袋比那气球小多了，挤在里面脱下身上的壳，会扭断腿的吧。所以，全家一齐钻出来，在近旁的枝梢住上。这是一个临时的宿营地，小家伙们共同吐丝，马上织一个镂空的帐篷，一个为时一周左右的住处。就在这蛛网纵横的休息地，它们蜕了皮。蜕下的皮在住所底下堆成一堆。上面的秋千上，飞人们则在苦练本领、强健体魄。最后，待体格发育成熟，它们就启程出发了，一会儿是这几个，一会儿又是那几个，它们一小批一小批地出发，每个都是那么小心谨慎。没有谁乘着蛛丝飞船做飞行冒险，旅程都是老老实实一步一步完成的。蜘蛛就吊在蛛丝下，大约九到十英寸的距离，一缕轻风就吹得它如钟摆般摇晃。有时蜘蛛会撞上附近的枝条，这是离乡的一小步。它一粘到一个物体，马上又垂下一段新丝，然后又做钟摆式摇动，摇到另一个稍远点的地方。就这样，小蜘蛛一小摆一小摆地（因为蛛丝不能留得太长）荡开了，去四处漫游，走马观花，最后找到一个适合自己的地方。如果风吹得很猛，它们的行程就缩短了：钟摆式的线路中断，吊在丝上的小家伙一下子被送到了远处。

总而言之，离乡的手法大致都一样。尽管如此，我地盘上的两只母蜘蛛还是辜负了我的期望，对它们纺织卵袋的手艺我可是大唱了一番赞歌的。我费心费力饲养它们，结果却令人失望。十字园蛛给我留下了惊鸿一瞥（原指远远看到女子轻盈艳丽的身影，让人难忘，在这里指匆匆看了一眼，印象很深），那种壮观场面我到哪里可以再次看到呢？我会找到的——以一种更加惊人的方式——到更卑微的蜘蛛，我一向忽略了的蜘蛛中去找。

蟹　蛛

导读：蟹蛛像螃蟹一样横行，它的生存本领不是织网，而是偷袭。它像冷酷的杀手一样对待猎物，让人厌恶。可在孕育后代的时候，蟹蛛却表现出令人震惊的牺牲精神。

给我表演了一场辉煌之至的离乡行的蜘蛛正式名称是Thomisusonustus。虽然这名字不会在读者头脑中引起什么反应，但至少有一个好处：不会损害你的喉咙与耳朵。大部分科学术语都伤喉伤耳，听起来不像是吐词发音，倒像在打喷嚏。既然照规矩每种植物和动物都得有个拉丁文的尊称，那么我们至少还得尊重古文的音韵美原则，让人唾沫横飞、粗声大嗓吼出来的名字能免则免吧。面对着不规范词语的滔天大浪，后辈们该如何是好呢？这股浊浪借着进步的名义，压制了真正的学问，一切都会因为它而被人抛到九霄云外去。不过俗名倒是永远不会消失，它发音动听，形象生动，还传达了某种信息。蟹蛛这个词便是如此。这词是古人授予Thomisus这一属动物的名称，它十分准确，因为这蜘蛛和甲壳纲动物有着明显的相似之处。如螃蟹一样，蟹蛛也是横行，同样，它的前腿也比后腿粗壮。它唯一比不上螃蟹的地方便是没有前面那对摆出一副自卫姿势的硬钳。

长着螃蟹模样的蜘蛛并不懂得编织捕猎网。它不设网下套，只是潜伏在花间，待猎物出现，就朝猎物的脖子发出准确的一击，刺死猎物。本篇专题谈论的蟹蛛对击杀家蜂有着狂热的爱好。我另外以更多的篇幅描述过刽子手和受害者之间的争斗。蜜蜂来了，它心中丝毫没有打斗的念头，正打着搜刮花粉的如意算盘。它用舌头尝尝花朵，然后挑选一块风水宝地，很快它全身裹满了收获品。正当它忙着装满篮筐，扩大收成时，蟹蛛，那个潜伏在花影里的歹徒，从隐身处出来了，蹑手蹑脚溜到那嗡嗡叫的虫子身后，偷偷凑近去，猛地一扑，卡住了它的后脖子。蜜蜂拼命反抗，疯狂地挥舞着它的刺，然而这是白费力气，攻击者毫不放松。再说，蜜蜂脖子上挨的那一咬让它瘫了下去，因为颈部的神经中枢被破坏了。那可怜的家伙腿一伸，刹那间一切便结束了。那女杀手现在舒舒服服地吸起受害者的血来，等它吸完血，就将那具干瘪的尸体抛在一旁，不屑一顾了。它又一次躲起来，准备谋杀另一个拾穗者，如果天赐良机的话。

看到乐在其中的神圣劳动者蜜蜂被屠宰，我总是非常反感。为什么做工的就要喂养游手好闲的家伙，出力流汗的就要让吸血鬼过上奢侈生活呢？为什么那么多令人赞美的生命要为土匪强盗的兴旺而牺牲？和谐的整体中交杂的这些可恶的不和谐音令思想家也为之困惑。等我们看到，那冷酷的吸血鬼和家人在一起的时候，也会变成献身的楷模时，就愈发困惑了。吃人妖魔也爱自己的子女，但它会吃别人的子女。在肠胃的专制统治下，我们，野兽也好，人类也好，我们全部都是魔鬼。劳动的崇高、生存的喜悦、母爱的深情、死亡的恐惧：所有那一切对他人来说毫无意义，要紧的是每口食物是否香甜可口。

根据 Thomisus 的词源学意义——那是希腊文，意为捆索——它应该像个古代手持束棒的侍从官，绑着受难者上刑台。考虑到许多蜘蛛的确是用蛛丝捆绑猎物供自己随意享用，这种比照倒也不是不相宜。不过蟹蛛与它的名称 Thomisus 却并不相符。它不捆绑蜜蜂，蜜蜂后脖子上被咬一口后，立马气息奄奄，对享用自己的家伙做不了任何反抗。我们那为蜘蛛命名的先人被蜘蛛的惯用战术堵塞了心窍，忽视了这个特例。除了使用绞索，这位先人并不知道蜘蛛还有另外一种背信弃义的攻击方式。

蟹蛛名字的第二部分同样也选得不当——onustus，意为负重、承载、装运。捕蜂的女杀手的确是大腹便便，但要把这一点当作与众不同的特征却毫无道理。几乎所有的蜘蛛都有一个肥硕的肚子。这是丝线库，有时这儿要织出网纱，有时又要纺出巢穴的绒毛。蟹蛛是一流的筑巢专家，偏好后者：它的腹部珍藏着能将全家安置得舒舒服服的一切必要材料，却并没有显出过分的肥态。那么 onustus 这词会不会就是指它缓慢的横行方式呢？我想到了这种解释，却并不能完全信服。除非突遇险情，每只蜘蛛都是迈着庄重的步子，小心翼翼行走的。这么看来，这个科学术语不过是个错误的概念，毫无价值的称号。

要给动物取个合乎情理的名字可真难哪！我们还是对命名者宽容一点吧！词典再也挤不出什么新鲜东西，而需要编目归类的东西一浪高过一浪地朝我们涌来，耗尽了我们拼词的创造力。既然术语不能告诉读者任何东西，那么读者究竟应该从哪儿去了解呢？我发现只有一个手段：邀请它参加南部荒原里的五月盛会。

　　杀害蜜蜂的女杀手体质偏向寒性，在我们这个地区，它几乎从不离开橄榄生长地带。它最爱的灌木是白色叶片的岩蔷薇，那大朵大朵皱成一团、命如朝露的花儿只开一个早上，第二天又会有新的花朵在清冷的晨曦中盛放，灿烂的开花期会持续五六周，其时蜜蜂狂热地扑将上去，在宽大的雄蕊头之间闹腾忙碌，裹上一身黄色花粉。加害它们的恶人了解这种盛况，它候在它的监视屋里，就在花瓣的玫瑰色屏风下。把你的目光投到花丛中，四下里找找。如果你看见一只蜜蜂无声无息地躺着，四腿朝天，身子僵直，那就凑近些吧，蟹蛛十有八九就在那儿。凶手已经刺出了致命的一击，吸干了死者的血。不管怎么说，这个灭蜂狂魔还是一个漂亮宝贝，非常漂亮的家伙，虽然它笨重的大肚子好似伏倒的金字塔，腹底两侧各缀着一个活像驼峰的脓疱。它们的皮肤比任何缎料都要让人赏心悦目，有些呈奶白色，有些呈柠檬黄。当中还有些讲究的女士，腿上饰着一些粉红链子，背上有胭脂红花叶纹，有时胸脯左右还镶有一条窄窄的淡绿边带。它不像环带园蛛的服饰那么富丽，却要雅致得多，因为它素净、精美，色调搭配极富艺术感。外行人轻易不敢触碰别的蜘蛛，却会被它的魅力所吸引，蟹蛛的外观那么娇美，摸摸这样的佳丽他们不会害怕的。

　　那么这颗蜘蛛世界的明珠能做什么呢？首先，它要搭一个配得上自己的巢。金翅雀、苍头燕雀和其他一些建筑艺术大师使用树枝、马鬃和一点儿羊毛在树木枝丫间建起悬空的凉亭。蟹蛛也是一个酷爱攀高的家伙，它选择惯用的狩猎场——岩蔷薇的上层枝条作为筑巢之地，挑一根枯干的、带几片枯叶的枝条，叶子正好卷成一间小屋，它打算把卵安置在里面。就像个有生命的梭子，它上下穿梭在叶子上缠满丝线，纺出一只外层与枯叶合为一体的卵袋。这件作品呈灰白色，部分露在外面，部分被支撑的东西挡住了。由于卵袋中杂着卷叶，因而边缘参差不齐。它的外形呈圆锥形，令人想到小一号的纺丝大蜘蛛的巢。产完了卵，容器的口子就会用同一种白丝牢牢密封住。最后留出几根丝，像薄帘一样铺在巢上形成一道天棚，和卷曲的叶尖一起构成一个小亭，做妈妈的就在这小亭里住上。这小亭并不只是它分娩疲劳后的休养地，更是一间警卫室、监视哨，在幼蛛离家之前，做妈妈的就一直趴在这里。

由于产卵和吐丝的消耗，它已经瘦弱不堪，活着只是为了保护自己的巢。要是有谁在旁边游荡，它就赶紧冲出哨塔，张牙舞爪轰跑入侵者。如果我拿一根草去逗它，它也会摆出职业拳击手的架势大力推挡，朝我的武器发出一记重拳。当我打算给它挪动挪动，去做某些实验时，我发现真是困难重重。它紧紧粘在丝质地面上，击退了我的进攻，我又不敢用力，生怕伤着它。一旦外面不再吸引它，马上它就自顾自地退回原地，拒绝离开它的珍宝。当我们想取走狼蛛的卵丸时，狼蛛倒也是这么拼命搏斗的。每个母亲都表现出同样的勇气，同样的献身精神，而在分辨那财产的真伪时每个又都是那么愚蠢。随便拿一个陌生的丸子来换走狼蛛自己的卵丸，它都会毫不犹豫地收下，它分不清哪个是外来品，哪个是自己卵巢和纺丝坊里出来的产品。舐犊情深（老牛用舌头舔小牛，比喻对子女的护爱之情很深。舐犊，shìdú）那一类的空洞辞藻在这儿纯属鬼话：这是一种强烈、近乎机械的冲动，绝不含有任何真情实爱的成分。岩蔷薇上的蜘蛛美人同样也没有什么超强禀赋。引导它从自己的巢旁移到另一个同样的巢旁，它就会住下来，一步也不挪，尽管那叶子篱笆的布置大不一样，足以提醒它这不是它原来的家。只要脚下踏着缎料，它就不去留意自己的错误。它照看别人的巢穴跟照看自己的巢穴一样机敏警觉。

论起护犊的盲目，狼蛛可是有过之而无不及。它会将我锉平的软木球、纸团、小线球系在本该系卵袋的吐丝器上。为了调查蟹蛛是否会犯同样的错误，我搜罗了一些残破蚕茧，将光滑、精致的里面翻出来，捏成圆锥形。我的企图没有得逞。把蟹蛛妈妈从自己家挪到人造卵袋旁后，它因更换了地方而不肯住上。难道它比狼蛛要目光敏锐？也许吧。不过我们还是别浪费溢美之词了，我仿造的小袋实在太粗陋。五月末产卵结束了，从那以后妈妈就平卧在巢的天棚上，日日夜夜，一步也不离开这警卫室。看到它的模样那么单瘦，那么萎靡，我想使出惯用手段，喂只蜜蜂给它，让它开开心。看来是我误解了它的需求。蜜蜂一直是它心爱的美味，这时却再也吸引不了它。猎物在它身旁冲来冲去，虽然很容易捕到，但是那哨兵根本不出哨所，对这送上门来的美味无暇一顾。它只靠母性的奉献精神维持生命，只是这种营养虽值得称赞却毫无实际内容。于是我看着它一天比一天消瘦，越来越萎靡。这日渐衰弱的家伙在断气前究竟在等待什么？

它在等待自己儿女的出世，它那奄奄一息的生命仍然对儿女有用处。环带园蛛的小家伙还没钻出气球就沦为孤儿，没有谁会来助它们一臂之力，而它们又没有独立出世的力量。气球就不得不自动裂开，将幼蛛和绒毛褥子一块儿喷出来。蟹蛛的卵袋大部包上了树叶，绝不会爆开，袋盖严严实实地密封住了，也不会翻开。然而，在一窝蜘蛛出世之后，我们在盖口边缘发现了一个小孔，一个出口。

这出口原先并不存在，是谁开的呢？卵袋的材质太厚实，太坚韧，里面小房客娇弱的肢体是打不开出口的。所以说，是妈妈感觉到丝质天棚下儿女们在不安分地挤动，于是亲自在袋上开了一个洞。虽然它气息奄奄，仍然挣扎着活了五六周，为的就是最后帮上一把，为家人打开大门。完成这项任务后，它从容地断了气，怀抱着它的巢，变成了一堆干枯的残渣。

七月一到，小家伙们便钻了出来。考虑到它们的杂耍习惯，我在它们出生的笼子顶上立了束细嫩的枝条。它们一个不剩全部钻出网格，爬到树枝梢顶聚成一团，迅速织出一个宽宽的纵横交错的蛛丝休息处。它们在这儿悄无声息地待上一两天，然后就开始将吊桥从一头甩到另一头。此时正是大好时机。我将爬满幼蛛的枝条束放到敞开的窗口前，放到一张小桌晒不到太阳的地方。它们马上开始了离乡的旅程，可是步调缓慢，进程也不一致。它们不时停顿、倒退，悬在丝尾坠下来，又拖着蛛丝攀上去。总而言之，是事倍功半。由于太拖拉，我就想到在八点钟的时候，将枝条束移到窗台上阳光直射之处，枝条上挤满了一心盼着出发的蜘蛛。经过几分钟的光热作用，场面便完全不同了，移民们纷纷奔上枝条顶端，快手快脚地忙碌起来。那儿成了一个使人迷惑不解的制绳厂，成千上万条腿正从吐丝器里拽出长丝来。我并没有看见它们造出的丝绳，也不见丝绳在空中飘荡，但我猜到了。蜘蛛三四个一组分批离开，每个走的方向都和同伴不同。所有蜘蛛都是往上走，所有蜘蛛都是在某种支撑上攀爬，这些可以从它们灵活的腿部动作上看出来。而且攀爬者身后的路线是看得见的，因为那里多加了一股丝，有两根丝粗。接着，它们攀到一定高度，便纷纷停止了各自的动作。小虫子在空中翱翔，阳光照得它闪闪发光。它轻轻摆着身子，猛一下飞起来。

到底发生了什么事？外面微风习习，飘浮的长线突然断了，那小生命拉着它的降落伞飞走了，我看着它越飘越远。四十英尺开外的柏树那黑黢黢（形容非常黑。黢，qū）的叶子，闪着点点金光。它往上飞升，越过柏树屏障，消失不见了。其他的也随之而去，高高低低，忽东忽西。不过这一个群体做好了一切准备，到了成群散去的时候了。现在我们看见灌木丛顶上喷出一道飞雾，那是上路的虫子像微型抛射体一样一个接一个弹射出去，渐渐形成了一片连续不断的瀑布。最后，它就像烟火晚会的压轴礼花，万花齐放。

　　这比喻一点也不过分，因为它的确是在发出夺目的光芒。小蜘蛛在阳光照耀下变成了星星点点的光斑，活像烟花喷射出的万千火星。多么辉煌的离别式！多么美妙的开场戏！细微的小生命紧紧拽住自己的飞天绳，腾云驾雾而去。或早或迟，或近或远，它们总是要落下来的。为了生存，它们不得不落下来，还常常落到极低的地方。唉呀呀！百灵鸟将公路上骡车落下的东西凿碎，才捡到一口饭吃，它在云间高歌可是找不到那样的燕麦粒。它们不能不落下来：肚皮不可违抗的需求命令它们落下。所以，小蜘蛛也要降临大地。地球引力被它的降落伞减弱了，因而对它温情有加。它其余的故事我不大清楚。它在拥有刺杀蜜蜂的力量之前要捕捉多少细小的蚊蝇？这一个原子该用什么方法、什么计谋去对付另一个原子？我不知道。我们会在春天里再见到它，那时它已长成大块头，伏在花间，蜜蜂因之而死伤无数。

（戴茵　译）

园蛛：结网

导读：园蛛是织网的高手，它们的技能就连自诩为万物之灵长的人类也赞叹。这些网是怎么织出来的，有什么奇妙的地方？原来，这看似简单的一张网，却蕴含着普遍的生物规律。

聪明的人类发明了捕猎机关。他们用绳索、钉子和木桩，在空地上摊开两张巨大的网。一张居右，一张居左。猎人躲进一间小木屋，时机一到便拉动一根长绳。长绳连着的两张网顿时收拢，像两扇百叶门似的合起来。网与网之间摆着笼子，笼子里装了媒鸟（人工驯养的一种能诱捕野鸟的鸟），有朱顶雀、苍头燕雀、褐纹头雀、黄道眉、鹀（wú，一种鸟的名字）和圃鹀，等等。媒鸟们听觉敏锐，隔老远发觉有同类经过，便会短促地召唤一声。最常见的媒鸟是"三布"，它总是快活地蹦蹦跳跳，将翅膀拍得啪啪作响。轻扯一下绳索，它蹦得更欢，受其所害的鸟也来得更快。最后，可怜的家伙筋疲力尽，怎么折腾都是白搭，于是，它泄气了，索性躺下来罢工。这时的捕猎者足不出户就可以驾驭它。他操纵着一根受长绳控制的轴杆，轴杆启动后，媒鸟从地上一飞而起。绳子一动，它要么是掉下来，要么就是再度飞起。捕猎者在秋日的晨曦中，耐心等候。笼子里突然一阵骚动，原来是苍头燕雀在高兴地招呼同伴："宾克！宾克！"空中有了动静。"是三布。"快！傻瓜们中计了，它们飞落在危机四伏的地面上，埋伏在一旁的猎人迅速拉绳。网合上了，一群鸟都被逮住了。人性本恶啊，猎人大开杀戒。他掐死这些俘虏，把它们的脑袋打得稀巴烂。许多被捕的可怜鸟儿被成打成打地用一根金属丝穿起来，拿到市场出卖。

园蛛和猎人一样，也在网中设下了可怕的圈套，其巧妙的布局甚至令人类望尘莫及，连狡猾的苍蝇都要乖乖地束手就擒！若按捕食技能之高低来排座次，园蛛恐怕当之无愧要坐头一把交椅。读完下面的文章后，读者定会和我一样，对它们油然而生敬意。

我们还是先来见识一下它们织网的过程吧。你得耐心地、翻来覆去地看好多遍。今天发现一点儿东西，明天又发现另一点儿东西。长此以往，手头的资料将越来越详细，认识也会不断加深。资料能使我们以往的某些猜测得到证实，或者也能给我们带来灵感。观察靠的是积累，好比滚雪球，即便每次都只能滚上很薄的层，最终也会越滚越大。对于一个蜘蛛研究者来说，搜集资料是一项琐碎的工作，得把大把时间泡在上面，可它有个好处：既用不着进行长途跋涉，也不存在任何危险。

即使是在最小的花园里，也能觅到园蛛的踪迹。园蛛们是织网高手。我在自己的园子里发现了六种园蛛，它们是：条纹园蛛、纺丝园蛛、有角园蛛、白园蛛、王冠蛛（又称十字园蛛）和碗状园蛛。这些园蛛中等身材，纺织技术堪称一流。在七八两个黄金月份里，我利用每天的最佳时机去研究它们，观察它们的工作，将谜团一个个揭开。今天发现了一些昨天没有发现的东西，明天又发现一些今天没有发现的东西，这样日积月累，最终把所有资料都准备齐全了。

我们不妨等太阳下山以后，到那些高高的迷迭香丛中去寻找蛛丝马迹吧。若是嫌园蛛们手脚太慢，我们大可以坐在灌木丛下，全神贯注地观察，因为那里光线充足，恰好可以将蛛网看得清清楚楚。这里我要再一次强调积少成多的道理。的确，每一次观察都有助于清除观念中的某些盲点。多年来，我坚持不懈地对蛛网进行观察，所以，我给自己安了个"蛛网观察家"的头衔。世上从事这项职业的人并不多，毕竟这不是个赚钱的差事。可赚不赚钱有什么关系？我可以从中获得无穷的乐趣啊。

这里没必要对六种园蛛织网的过程逐一进行介绍了，因为除了个别细节（下文会提到）外，它们并无很大的差别：织的网大同小异，织网的方法也如出一辙。所以，我就概括地讲一讲它们的特征。

我的这些研究对象都很年轻，令其引以为骄傲的肚子也都很小，和晚秋时的样子不啻（不止，不仅仅。啻，chì）相差了十万八千里。单就体积来看，它们的加工厂——肚子，不会比一粒胡椒粒大。但我们不能因为它们体形小而看低了它们的工作能力，因为它们的技术高低与年龄大小毫无关系。大腹便便的成蛛编织水平不见得胜过幼蛛。此外，刚出生的幼蛛有一个可贵的优点：白天也干活，甚至在烈日下也照织不误，所有的秘密一览无遗。而成蛛只在晚上干活，活动相对说来要隐蔽得多，不利于观察。七月份，离太阳下山还有几个小时，织手们就开始工作了。它们离开白天的居所，各自选好地盘，开始在这儿那儿吐丝。呀，数量还真不少呢。这下好了，我们可以随心所欲地进行观察了。你瞧，这只园蛛在搭架子呢，我们就在它面前停一停吧。只见它在迷迭香丛中出出进进，从这根枝梢爬到那根枝梢，活动范围大抵是在十八英寸以内，再远它就力不从心了。它慢吞吞地，用自己后足上的梳子，从丝库里抽出一根丝，把它架好。看似无意，实则有心，这家伙是在为织网做准备工作呢。它行色匆匆，像是毫无目的地奔来跑去，一会儿上，一会儿下。奔跑的结果是搭出了一个乱七八糟的小框架。不过，在园蛛的眼里，这个框架一点儿也不乱，反倒是井井有条，一目了然，正中自己的下怀。框架搭好后，丝索也随之织好了。蜘蛛这是干什么呢？是在为蛛网打一个坚实的基础，刚才搭的不规则的框架已达到了预期的目的。这是一个空阔扁平的结构，正好可以用作"地基"，这部分工作就算完成了。然而，园蛛每晚都要从头到尾对"地基"进行加固，因为夜间的来回奔走会使"地基"受到损坏。更何况，这基础还不是很结实，难以抵御猎物所做的困兽之斗。相比之下，成蛛的网要牢固一些，因此也更耐用。

我们在别处也能看到，园蛛编织框架时是费了一番心思的。丝架的表面穿缠着一根特殊的丝。你可别小看了这根丝，它是整个蛛网的底线，具有相当的独立性，不会被附近的任何树枝缠上。丝架中心有个白点，那是一团小小的丝絮，也是未来"大厦"的中心所在。有了这个中心，蜘蛛便可以在迷宫中穿梭自如而不致迷失方向了。

现在该织猎网了。蜘蛛从中心的白点出发，沿横丝迅速爬到架子，也就是那个不规则结构的边缘，然后又迅速地从边缘爬到中心。它忽前忽后，忽左忽右，刚才还高高在上，一眨眼的工夫又到了底下，总是颤悠悠地顺着陡径来回奔跑。每跑一次，就拉出一条半径线，或者说，拉出一条辐。没过多久，这儿那儿就拉满了辐，显得凌乱不堪。我们目不转睛地看着，唯恐一不留神错过细节。蜘蛛沿着一条挂好的辐爬到架子边缘。它上前几步，将丝拴在架子上，又从原路趄（xué，中途折回）回来。这时丝断成两截，一截系在辐上，另一截系在架子上。因为太长，这根丝无法准确量度由架子边缘到中心的距离。蜘蛛在归途中将丝拉到合适的长度固定，把多余的丝收回到中心。每拉好一条辐，剩丝都做同样的处理，于是，中心的面积便由点到面，不断扩大，成了一个宽宽的垫子。稍后我们会看到，这位勤俭持家的蜘蛛女士要拿这垫子作何妙用。但我们千万不能错过当前的一幕：拉好一条辐后，园蛛就用爪子扯一扯。这样，辐就结实多了。园蛛像织网那样，有条不紊地织着辐，织了一条又一条。那些辐当初不显得很乱么，怎么这会儿又显得如此规则了呢？

在同一个方向拉好几条辐以后，蜘蛛会马上往相反的方向再拉几条。它突然转向是非常有道理的，这样做更显示出了它那精湛的织网技术。因为若是老朝一个方向拉辐，就会一边倒，导致这些辐崩溃和坍塌。因此，它在这个方向做了几条辐后，就得赶紧往另一个方向补上几条，以保持力的平衡。一旦这个方向产生了力的作用，就必须为其提供一个相应的阻力，以获得平衡。这就是我们所说的静态力学原理。这门学问蜘蛛无师自通，织网技术它也是生而知之。也许有人认为，这项工程毫无章法、时断时续，会弄得一塌糊涂，那他就大错特错了。事实是，辐与辐之间的距离是相等的，它们形成了一个相当规则的圆。辐的数量因蜘蛛的品种而异。有角园蛛的网中有二十一根，条纹园蛛有三十二根，而纺丝园蛛最多，有四十二根。这些数字并非绝对不变，但变得很少。试问，在不经练习、不用工具的情况下，我们有谁能随意将一个圆等分？而园蛛却能不假思索地做到这一点。值得一提的是，当时它还挺着个沉甸甸的大肚子，颤悠悠地走在随风摇曳的丝线上。看上去，它的做法与几何学原理完全相悖，可它的确有化“腐朽”为神奇的本领。当然，我们也不能过分拔高了它的水平。看似均等的角度其实经不起严格的测量，只是这里没必要计算得那么精确罢了。而且，不管怎么说，它让我们大开了眼界。园蛛是怎么用那样独到的方式解决这个难题的呢？这一点，我至今百思不得其解。

把所有的辐都挂好以后，蜘蛛便回到它的"中军帐"，也就是那个由剩余的丝线头做成的小垫子上。它要在这里做一件非常细致的工作——不急不忙地绕螺旋圈。它拿一根无比纤细的丝，从中心垫子出发，在辐上密密匝匝地缠了一圈又一圈。不论是在成蛛还是在幼蛛的网里，都必定会有这样一个中心，只不过成蛛的中心有一个巴掌大，而幼蛛的相对来说要小许多。我称这地方为"休息处"，理由以后再讲。

现在的丝比以前的粗，也比以前的明显。蜘蛛斜着身子，继续绕它的螺旋圈。每次经过辐，它都不忘把丝缚在上面。渐渐地，它离中心越来越远，螺旋圈的直径也迅速扩大。最后，它在框架下端停了下来。即便是在幼蛛的网中，各圈之间的平均距离也达到了一厘米。我们断不能望文生义，以为"螺旋圈"是一种曲线。蜘蛛的"词典"中没有曲线，只有直线和连线，也就是我们几何学中的多角线。好了，螺旋圈终于绕完了。权且称其为"辅助螺旋丝"吧，因为一旦蛛网织成，它就会消失。它是辐与辐之间的连线，作用等同于横梯。有了它，各辐之间，尤其是离中心较远的辐之间因相距太远而不稳当的问题就得到了解决。此外，它就像一盏导航灯，为蜘蛛引路，使蜘蛛清楚自己下一步的方向。说到这里，还有最后一件重要事情没干。挂满了辐的地方被那些横梯划分成了许多区域，显得非常零乱。要是外缘各横梯之间距离太窄，就会破坏即将建成的蛛网的匀称性。园蛛需要一个空间，来慢慢地绕它的螺旋。它不能让猎物有隙可乘，逃之夭夭。作为此中高手，蜘蛛很快便能判断出，哪些角落是应该堵死的。于是，它站在辐上，在有漏洞的地方布下一根丝线。它将这根丝线先往这个方向拉，再往另一个方向拉（两个方向互成锐角）。如此往返多次以后，便织出了一条"之"字形的线路，状如妇女们所用的饰网。过不了多久，"饰网"便会布满各个边角。现在，蜘蛛要织最关键的部分——捕虫网了，前面所有的工作都是为此做的铺垫。园蛛一边抓住辐，一边抓住螺旋线，又绕起圈子来，线路与盘螺旋圈时完全相同，但是方向相反：开始是由内向外，这次则由外向内，而且绕的圈子比上次更多，也更密。它的出发点是靠近框架的螺旋圈的终点。

接下来的情形很难看清楚，因为它的动作不仅快，而且震荡得厉害，其间还伴随着一连串突然的奔跑、摆动和弯曲，直看得我们眼花缭乱。要把这个微妙过程看个仔细非常不容易，不但要长久地高度集中注意力，还得具有相当的耐心。它那两条后足是用来织网的工具，正忙得不可开交。我们就根据这两只足的位置来为其命名：运动时期向网中心的那条是"内足"，与网中心相反的是"外足"。外足从吐丝器中拉出丝，传递给内足，内足再从容地把丝放在附近的辐上。与此同时，内足搭在前面的一根丝上，探测位置，看应该把丝固定在哪条辐上。因为丝本身有黏性，一旦和辐接触，就会粘在上面。整个过程要一气呵成，不留一点儿痕迹。然后，蜘蛛微微侧转身子，爬向曾经被它利用过的辅助螺旋丝。这根丝缠绕得太密了，蜘蛛要把它拆掉，否则蛛网就无法保持平衡。它紧紧抓住横梯，拾级而上，一边收起途中的剩丝，把它们卷成一个小小的丝球，放在相邻的辐上。于是，螺旋丝一圈圈地消失了，一团团丝球却出现了。现在光线不错，我们能将清除螺旋丝的过程看得一清二楚。要不是其整齐规则的分布还让我们记着它的原形的话，我们差点就把它当成了灰尘粒了。终于，螺旋丝全部拆完了。

蜘蛛就这样不知疲累地绕啊，绕啊，一边绕一边把丝粘在辐上。渐渐地，它离中心越来越近，这一绕就是半个钟头（成蛛甚至会绕一个钟头）。在这段时间内，纺丝园蛛可以绕五十圈，而条纹园蛛和有角园蛛可以绕三十圈。当园蛛盘旋到离休息处还有几圈距离时，它突然停止了工作。我们很快就会明白，它为什么不绕圈子了。

这当儿，不论是成蛛还是幼蛛，都会纵身跃到中心，把垫子拖出来，卷成一团。我还以为它要把垫子扔掉呢，这么想就大错特错了。蜘蛛生性节俭，从不浪费。它把丝垫吃得一点儿不剩，先吃原先的"路标"，再吃一个个的丝线头。它将这些宝贝丝线都回收进了肚子。虽然，对肚子来说，这不是个轻松的负担，消化起来挺困难，可它们以后还有用，不能丢。至此，整个蛛网就织成了。蜘蛛顺势在网中心的捕猎处驻扎下来。

我们可以从中获得一些启示。大部分人生来就惯用右手。不知道为什么，我们更习惯，也更擅长于右边而非左边的动作。这种不平衡性在两只手上体现得尤其明显。人类把所有的溢美之词都赐给了右手，如敏捷啦，灵巧啦，能干啦，等等，相比之下，人们对左手要苛刻得多。然而动物是右边的能力强一些，还是左边的能力强一些，或者两边的能力不相上下呢？根据我们的观察，蟋蟀、蚱蜢，还有其他许多昆虫，都把右鞘翅（昆虫的翅类型之一，全部骨化，主要用于保护后翅与背部）上的"弓"搁在左鞘翅上的"弦"上。它们是右撇子。

我们突然转身的时候，总是从左边转向右边。左以右为转移，因此，左边的能力弱，而右边的能力强。同样地，几乎所有有螺壳的软体动物，螺旋方向都是从左至右。而在众多的水陆生动物当中，只是极个别的习惯于由右至左。我们若是做个统计，把拥有对称结构的动物右撇子数和左撇子数的比例算出来，结果一定会让我们忍俊不禁。莫非两边不对称是一条通则？真的没有两边力量和技能均衡中的"中性"动物么？答案是否定的，蜘蛛就是其中一种。它有一项令人艳羡的本事：左边的能力丝毫不亚于右边。耳听为虚，眼见为实，咱们就来亲眼见证一下吧。

仔细观察就会发现：在摆放蛛丝的时候，所有的园蛛都能朝四面八方旋转自如，判断力左右着它们前进的方向。至于其中奥秘，我们无从知晓。定好路线以后，蜘蛛便一往直前。有时工作的进程会受到一些意外的阻挠，譬如说，一只小蚊子掉进了织好的陷阱中。这时蜘蛛会赶紧停下手里的活，以迅雷不及掩耳之势奔向猎物，把它五花大绑起来，然后回到原来的位置，继续绕它的螺旋丝。我们注意到，在刚开始重新织网时，不论身处何方，这只园蛛都会时而把左侧对着螺旋丝的中心，时而把右侧对着螺旋丝的中心。前面已经说过，它总是用靠内侧的两条后足，也就是靠近中心的那两条足来固定丝。这次用左足，下次用右足。这是件非常有技巧、非常精致的工作，因为不但要求动作迅速，而且要严格地保持等距。谁要是看到它如此准确而娴熟地交替使用双足，他定会由衷地赞叹：园蛛真不愧是左右开弓的好手啊。

园蛛：我的邻居

导读：人通过学习掌握纺织技术，园蛛们却是天生的纺织高手。在纺织上，人跟园蛛有一个极大的差异：人类会修补，而大多数园蛛却不会修补。为什么会这样？法布尔得出了一个有趣的答案。

年龄并没有在本质上改变蜘蛛的禀赋。幼蛛忙忙碌碌，成年蜘蛛也忙忙碌碌，而且经验会逐年丰富。在蜘蛛这一行中，没有师傅徒弟之分，从吐出第一根丝起，所有的成员就都掌握了织网的技能。

我们已经了解了新手的一些特征，现在让我们来看看成年蜘蛛是怎么工作的，以及岁月给老家伙增加了哪些额外的技能。

七月，我终于如愿以偿。一天傍晚，当这些新住户在我园子里的迷迭香上缠绕丝绳时，我借着黄昏的最后一线光亮，在自家门口发现了一只大腹便便的蜘蛛。这是一只雌蛛，已经一岁了。它体态雍容，还没有哪只同年的蜘蛛有如此巨大的身躯呢。它应该是只有角园蛛，呈灰色，背上有两道相交的环形黑纹，腹下两侧各隆起一个小小的乳头。我这位邻居正好可以供我好好观察，要是它工作得不是太晚，定能满足我的心愿。我看到了这位体态丰满的女士吐出第一根丝的过程，这个头开得可真不错。照这种情况看，我的睡眠不会受到耽搁。事实上，在整个七月和八月的大部分时间里，我大可以从晚上八点到十点观察它是怎么结网的。当然，网在夜间多少会有点儿磨损，如果损害严重的话，第二天它就会返工。

在这闷得透不过气来的两个月当中，每当夜幕降临，凉风习习吹来，我便一手提灯，心情轻松地观察我这位邻居的一举一动。它在一排柏树和一丛月桂树间驻扎下来，旁边是一条飞蛾萦绕的小巷，它的住所的高度非常有利于我进行观察。住所的位置是经过精心选择的，因为蜘蛛自此以后就没再变更过地址，尽管它几乎每晚都要重新织网。天一黑，我们全家就去拜访这位邻居。不管是大人还是小孩，都为它腹中取之不尽的财富和它在颤抖的迷宫中不知疲倦地来回走动感到惊奇不已。网逐渐成形了，我们对这完美的图案叹为观止。灯光下，万物闪着幽幽的光芒，这件作品闪着微光，仿佛是月光织成的球体。我在此流连了很久，迫不及待地希望看到更多的细节。然而已经到了睡觉的时间，家人等着我回去休息。

"今晚它在做什么？"他们会问，"它织完网了吗？捉到飞蛾了吗？"我把刚才所看到的如实相告。

第二天，大家都不急着睡觉，只想目睹这件作品的完成，而不愿放过任何细节。我们目不转睛地盯着这只蜘蛛的工作场地。这是一个多么令人兴奋的夜晚！有角园蛛这部逐渐写成的日志首先告诉我们，它是怎样编出绳子来构造框架的。这只蜘蛛白天穿梭于柏树之间，大约在晚上八点钟左右，它一本正经地从住所出来，爬上树枝的顶端。它在这个显赫的位子上待了一阵，根据地形灵活地进行布局。它要确定今晚的天气是否适于工作。冷不丁地，它伸开八条脚，径直从树枝上掉下去，悬挂在吐丝器吐出的丝上。和绳蛛通过回爬获得双股的纤维一样，园蛛也是在下坠过程中，依靠身体的重量分泌物体。当然下坠过程并不是在重力作用下直接坠落，蜘蛛可以通过扩张、收缩甚至是关闭吐丝器的气孔，随心所欲地控制下落速度。我手里的灯可以清楚地照见吐丝器，但并不能始终照见那根丝。那一大团身影在空间不断延伸，像是没有一点儿支撑。在离地大约两英寸的地方，园蛛忽然停下来，丝团也停住了扩张的势头。然后，它沿着刚吐出来的那根丝线一路上爬，继续吐丝。当然，这次它不需要借助重力来完成了，丝线以另一种方式被抽取了出来。它的两条后足飞快地轮流把丝从丝囊中抽出来，然后又松开。在返回高度不下于六英尺的出发点的途中，这只蜘蛛获得了两股丝。两股丝弯成一圈，松松垮垮地飘浮在空气中。它停下来，开始等待，直到丝圈的一端被风吹起固定到附近的枝杈上。期待中的结果可能会姗姗来迟，可它并没有失去耐心，倒是我这个看客不耐烦了。有时我会助它一臂之力，用一根稻草挑起飘浮的线圈，把它放在一段高度适中的树枝上。在我的帮助下搭起来的这架步行桥正中蜘蛛的下怀，因为它和风搭起的没有什么两样。我觉得帮它一把是我义不容辞的责任。发现丝被搭好以后，蜘蛛便从这头跑到那头，又从那头跑到这头，途中不断地吐丝加固这根线。不论我是否出手相助，它最终都会完成这根"悬索"，也就是蛛网框架的主要部分，尽管这根线非常纤细，可考虑到其构造，我还是称它为"绳索"。乍看上去，它是一根单线，但仔细一瞧，它的两端向四面八方延伸出不计其数的细叉。这种结构大大增加了两个线端的牢固性。悬索比其他线要结实许多，因此它可以用上很长一段时间。夜间的捕食过后，蛛网一般都会破损，得在次日晚上重织。清除完蛛网的残骸后，只有这条绳索还可以派上用场，于是蜘蛛又在同一个位置开始织网。由于悬索不易放好，光靠辛勤劳动还不一定能成功，因此它得耐心等待，直到微风把悬索的游离端吹上灌木丛的枝梢。有时无风，有时游离端的落点不佳，因此这个过程颇费时间，其间还并无十足的成功把握。这样一来，一旦悬索织成并固定了位置，蜘蛛就不会再动重织的念头，除非出什么意外。每天晚上，它一次又一次地在悬索上爬来爬去，并用新丝不断为其加韧。有时有角蜘蛛下坠吐出的双线圈不够长，不能挂上某个地方，它就另辟蹊径。正如我们先前所看到的那样，它先下坠，然后再爬上去。可这一次，线头不下两个，也没有合在一起，而是散开的束，像是直接从吐丝器里吐出的一样。蜘蛛咬断线头，这根茂密的"狐尾"顿时像被剪刀剪过似的齐齐断了。整条线展开后长度增加了一倍，蜘蛛的目的也就达到了。线的一端连在蜘蛛上，另一端飘散在空中，很容易缠上灌木。有时条纹蜘蛛甚至敢用这种方法把悬索搭在小溪两边。

　　用各种方式搭好绳索之后，蜘蛛就可以随心所欲地出入于繁枝茂叶了。它爬到这根丝索的上部，小滑一段距离，不断改变自己的落脚点，然后沿着在下坠过程中吐出的丝往上爬。之后就形成了两条没有缠在一起的丝，蜘蛛沿着这架桥走到另一端，把新丝的游离端粘在一个稍低的地方，这样一来，前后左右便布满了纵横交错的斜线，正好把树枝和悬索连接起来。这些交叉线互相支撑，并且方向自始至终不变。交叉线够用了时，蜘蛛就不需要再借下坠来抽取丝线了。它从这根丝爬到那根丝，其间不住地用后足把丝拉出来沿途摆好。这时形成的直线除了基本上是处于一个垂直面上以外，并无规律性可言。这些直线构成一个极不规则的多边形，然而网的内部却是精心编织的杰作。这里不必描绘蜘蛛是如何建造这一奇迹的了，因为前面的幼蛛已经向我们展示了这一点。不论是在成蛛还是在幼蛛的网中，我们都可以看到拥有中心参照物的等长的辐，看到相同的辅助螺旋丝和临时横梯，以及相同的螺旋迷宫。我们就跳过这一部分，去注意另一细节吧。

螺旋迷宫的建造是一个非常细致的操作，因为它非常规则。我一心想知道，在嘈杂的喧嚣声中，蜘蛛会不会心有顾虑而失手呢？外界的干扰会不会影响它工作？或者，它需要一个安静的环境？而据我的观察，蜘蛛对于我的存在和我手中的灯都视而不见，灯盏的忽闪没有让它受到半分干扰，它一如在黑暗中那样，依然专注它的工作，依然不紧不慢地织着网。这对我的实验来说可是一个好兆头。八月的第一个星期天是村里的守护神节，为的是纪念众议院的成立。星期二，也就是庆典日的第三天，晚上九点会施放焰火，以正式宣告该次盛会的结束。焰火的燃放现场设在我门外的公路上，离那只蜘蛛的工作地点只有几步之遥。在一片锣鼓声中，村里的显赫人物由一些手举火把的小男孩簇拥着出场了，当时这位蜘蛛女士正在忙着建造它的大迷宫呢。相对于观看焰火而言，我倒是更热衷于去了解动物的习性，所以我提着灯，观察蜘蛛的反应。人声鼎沸，礼炮轰鸣，爆竹噼啪作响，火箭呼啸，白光、红光、蓝光交相辉映，但我们这位织手对这一切视若无睹，充耳不闻，还是在按部就班地忙它的活儿，和平常安静的夜晚没什么两样。以前，我在悬铃木下鸣枪，没有打乱蝉的音乐会；今天，炫目的轮转焰火和爆响的爆竹同样不能打扰蜘蛛织网。我甚至怀疑，如果天塌下来，我们这位邻居会不会停下工作！我想，即使村子闹翻了天，它也不会为这类鸡毛蒜皮的小事劳神半分钟，分半点儿心，它只知道继续织它的网。

我们还是回头来看看，蜘蛛在平常的安静环境中是怎样织网的吧。织到休息处的边缘时，庞大的迷宫就仓促收工了。迷宫中央有一个由多余的线头做成的垫子，蜘蛛把它拖出来，一口吃掉。在大饱口福之前，有两种园蛛，即条纹园蛛和纺丝园蛛，还是不会闲着。它们会做一条弯弯曲曲的又宽又粗的白丝带，放在网的中心和下方之间。偶尔它们也会在网的上方放一条形状相同、但要短一些的丝带，和下面的丝带相呼应。我猜这些丝带是用来加固蛛网的。刚开始时，幼蛛不会使用它们，因为那时幼蛛不顾及将来，而是毫不吝啬地挥霍蛛丝，每天晚上都重新织网，即使网子没有破到非得重织的地步，还是每晚都织新网。日落时织网已经成了习惯，反正网子会在次日重织，因而也就没有了加固的必要。但晚秋一来，成蛛就知道产卵的时间快到了，所以不得不节约蛛丝，以满足卵巢的需要。网大了，重新织起来花费可不小，所以蜘蛛会尽可能长时间地使用它。它们转而担心起剩下的丝是否够用来，因为筑巢需要消耗大量的蛛丝。我想正是这一原因，或者是别的什么我不知道的原因，条纹园蛛和纺丝园蛛认为，用这样的丝带来加固蛛网，使其经久耐用是明智之举。另几种园蛛的卵巢不过是一个小球罢了，其制造成本要小得多，所以它们也不会织这么一根曲曲折折的带子，而是和幼蛛一样，几乎每天夜间都重新织网。借助灯光，我可以看到我这位大腹便便的邻居——有角园蛛是如何重新织网的。当落日余晖渐渐褪去的时候，它小心翼翼地从白天的住所下来，离开柏树叶子，爬到悬索那儿，作了一会儿壁上观，然后跳入网中，开始大肆收集网的残骸。它把网的每个部件——螺旋丝、辐和架子——全部抱在脚上，只留下那根结实的悬索——这是旧网的底架，经过一番修补后，它依然可以派上用场。它把收集到的残骸卷成一团，像吞食猎物一样急不可耐地吞进肚里，不留一点儿残渣，这是蜘蛛惜丝如金的又一个例子。我们已经见识过了，蜘蛛会在织完网后一口吃掉中心的导向线，现在我们又看到它们把整张网当作一顿盛宴。旧网的材料在蜘蛛肚子里经过加工后，又会变成流体重新使用。旧址清除完毕后，框架和网会在悬索的支撑下陆续开工。也许有人会问，蜘蛛直接将旧网再利用岂不是更省事？毕竟网的破洞经修补后还能对付着用啊。但是，蜘蛛会像家庭主妇缝补衣物那样，知道修补网子吗？问题就出在这里。修补漏洞、更换断线，以新易旧，总之一句话，通过重组来恢复蛛网最初的秩序，这是一项卓越的技能，甚至可以说是智慧的闪光。人能胜任这类工作，他们有理智地完成修补工作，测量漏洞的大小，剪下大小合适的新布，恰如其分地补上破洞。蜘蛛有这样清晰的思维能力吗？有人断言，根据蜘蛛的行为来看，它们没有思维。这些人在大发空论的同时，忘却了一个严肃的观察者所应持有的审慎态度。我是不大敢这么轻率地下结论的，我们只有做完了实验，才能弄清楚蜘蛛是不是真的知道如何修补破网。

那位给我提供了不少素材的近邻有角园蛛，大约在晚上九点钟就把网织好了。这是一个美好的夜晚，静谧、暖和，很容易招来成群的飞蛾。一切都预示着，今晚是个绝佳的捕猎机会。等蜘蛛建成大迷宫，正待要吃掉中央垫子的时候，我用一把利剪沿对角把蛛网剪两半。一半垂下来，中间形成一个三指宽的裂缝。蜘蛛退回到粗索那儿，看起来并不惊慌失措。我剪罢网子后，它悄无声息地回到半边网里，坐在曾是网中心的地方。可当它发现自己无从搁脚的时候，它立刻就意识到，自己的网坏了。于是，它在裂缝上搭起不多不少的两条丝线。这两条丝线正好能让它放下其余的脚，然后它就再也没有什么动作，只是全神贯注地等候着猎物的上钩。看着蜘蛛把两根丝线搭在裂缝两边的时候，我非常希望能看到它补网。我想，这只蜘蛛应该会不停地抽出丝线缝合这道口子，尽管加上去的部分可能会和其他部分不太相称，但至少能填上缝隙，而且也不见得会比正规网差到哪儿去吧。可惜事与愿违，这位蜘蛛女士整晚没有再做进一步的修补工作。它仍用半边网粘捕猎物，似乎那已经足够了。第二天早晨我看到这张蛛网和我离去时毫无分别，没有任何修补过的痕迹。甚至那两根穿过裂缝的丝线也不是做补网之用的，仅仅是它发现没有立足之地，想看个究竟，于是穿过裂缝，这一去一返就留下了两根线。所有的蜘蛛在爬行时都有这种习惯。所以，丝线是它出于不安而挪动地方的产物，而不是用于修补的材料。可能我的这位实验对象认为，没必要费时费力去补网，因为网子被剪开后，照样可以捕食，两部分合起来便又成了原先的网子。蜘蛛坐在网中央，要做的事就是找个地方搁脚，而抽出的两根线正好能够，或者说，勉强能够做此用途。对于蜘蛛会补网这一点，我还没有死心，于是又设计了一个更好的实验。

　　第二天，蜘蛛吞掉旧网织好新网以后，便纹丝不动地稳坐在

"中军帐"中，我用一根稻草灵巧地剔除了蛛网的螺旋丝，只剩下框架和辐。由于黏丝受到了破坏，这张网子实际上就没有用了，它再也粘不住飞蛾了。面对这场飞来横祸，我们的蜘蛛女士会怎么办？它安之若素，继续纹丝不动地坐在它的没被我破坏的休息处上，怡然自得地等着猎物来自投罗网呢！它就这样白白地守了一个晚上。第二天早晨我看到，那座被破坏的迷宫留在那里，原封未动。创造神可能真的没有赐给蜘蛛哪怕是一点修补能力吧。是不是这次修补太费材料，它的丝腺（节肢动物门，昆虫纲的鳞翅目、襀翅目，膜翅目的幼虫和蛛形纲的蜘蛛目的蜘蛛等，体内能分泌黏液丝质的器官）在这张大网织成后就已弹尽粮绝，不能立刻提供新的资源了呢？我希望能碰到这种情况，即蜘蛛在消耗不多的情况下会补网。苍天不负有心人，终于让我逮着了机会。

就在我观察蜘蛛盘螺旋丝的时候，一个嘻嘻哈哈飞来飞去的家伙一头栽进了这座尚未完工的迷宫。蜘蛛立刻停下工作，一个箭步冲到粗心大意的倒霉蛋那儿，连包带裹困住了入侵者，使它无路可退。在猎物的挣扎中，网的一部分就在织网者的眼皮底下被撕破了，产生一道很宽的裂缝，这条缝无疑会影响蛛网的预期效果。蜘蛛女士会怎么处置这块损坏严重的地方呢？机不可失，此时不补断线，更待如何？事故发生的那一刻，蜘蛛恰好就在破裂处，整个网子还在不停地摇动。这一次不存在丝线耗尽的问题，真是补网的好机会。可它舔了几口猎物后，就将它甩在一旁不管了。它回到先前中断工作的地方，继续绕它的螺旋丝，撕裂的部分维持原状。蜘蛛就像我们织布机上的梭子一样，只会织不会补，这倒不是因为注意力不集中，或是刻意的疏忽，因为所有的大织手都有不擅补缀这个通病，而条纹园蛛和纺丝园蛛的这种能力尤其差。有角园蛛几乎每晚都会重新织网，条纹园蛛和纺丝园蛛则很少补网，即使网破败不堪，它们也依旧敝帚自珍（把自己家里的破扫帚当成宝贝，比喻东西虽然不好，自己却十分珍惜。敝，破旧的）地照用不误。等它们另结新网时，旧网已经破得面目全非了。我时常关注当中的一张破网，第二天早晨我总是发现，它原封未动甚至更为不堪，反正从来没有补过。蜘蛛如此懒惰，人们都说它们是勤奋的化身，真是可笑。它们貌似聪明细致，其实弱智得连补网都不会。其他蜘蛛在修复较大的破洞时，也是纵横牵线，毫无章法可言，家蛛即为其中的一种。

家蛛常在墙角下结几张大网。它将住处隐藏在网侧一个锥形开口的丝管中，偏处一隅，以确保自己的安全。它经常躲在这里窥探外边的动静。蛛网其他部分比我们最好的织物还要精美。准确地说，这个部分不是用来捕食的，而只是个平台。蜘蛛常在这上面来回走动，看管自己的财产。真正的陷阱是蛛网上方纵横交错的蛛丝。家蛛的陷阱不仅在结构上有别于有角园蛛，就连工作性能也与后者不太一样。它的网不是由黏性的蛛丝，而是由无数根细丝构成，不经细看几乎难以觉察。如果一只小虫投入罗网，立即就会被缠住，越挣扎缠得越紧。蜘蛛会风风火火地冲上前去，对着它的脖子就是一口。说到这里，我们不妨做个小小的实验。

我在家蛛的网上捅了个两指宽的圆洞，白天这个洞原封不动，但第二天早上就紧紧地合上了。这根丝非常细，肉眼几乎难以看见，我用稻草去碰破损处，结果整张网都抖了起来，我这才肯定：

口子确实合上了。显然家蛛夜间就补好了网，它在破损处打了个补丁。园蛛没这个本事，这证明它比园蛛高明了许多。如前所述，家蛛的网不只是一个用于监视和巡逻的平台，它也可以接住从上面陷阱掉下来的昆虫。这张网经常受到冲击，总是有欠牢固。此外，墙上掉下的灰尘也会使它不堪重负，因此家蛛夜间总要将网修葺一番。每次外出或归来，它都不忘把所过之处织补几下。这种说法并非空穴来风，而是我亲眼所见。因为蛛丝的走向与家蛛的路线完全一致，或直或曲，且丝头汇集在丝管的开口处。毫无疑问，家蛛每走一步都是在为蛛网添砖加瓦。

这里我们有必要提一提结队而行的松毛虫，我曾在其他作品中详细介绍过它们的习性。松毛虫经常在夜间离开做窝的丝囊，外出放风。回巢时，它们从不忘将丝囊表面重新缝织一遍，因此每出行一次，囊壁的厚度就增加一分。我用剪刀将丝囊从头到尾剪了一道口子，松毛虫对破损处和其他地方不加区别，全盘织补，并不因为有被损而多补几"针"。它们不是刻意去补破处，而只是例行公事似的织网，口子因此也就合上了。

家蛛也是这样的。每天晚上，它都在平台上四处转悠，并一视同仁地在破损处和完好处补上新丝，而不是只在口子上打一块补丁草草了事。修复破损并不是它有意所为，而仅仅是由于习惯使然。显然，如果它有意修补破损，就不应该这样不分轻重主次，四处补丝，它只要重点照顾口子就行了。而且它一口气补好的地方应和其他部分相差无几。但事实上我们看到了什么呢？就是破损处多了一层难以觉察的薄纱。这就更加证明了家蛛并没有区别对待裂口和其他地方，缝补时是"平分兵力"的。对于蛛丝，它绝不会任意挥霍，而是精打细算，以防将来织网时不够用。缝隙随着一次次的修补逐渐牢固，整个网也更加厚实。这个过程用了很长的时间。两个月后，我给蛛网开的那扇窗口依然没有合上，洁白的厚网上留下了一道深色的痕迹。不论是松毛虫还是家蛛，都不懂得修补自己的产品。这些优秀的制丝者，缺乏一种最起码的智慧之源——理性思维的能力。即使最笨拙的妇人在补袜子时表现出来的智慧也要胜过蜘蛛吧。我想，观察蛛网还是有意义的，即便它只起到了去除我们的误解和臆想的作用。

园蛛：有黏性的网

导读：不小心撞上蛛网的虫子会被立刻粘住，可是园蛛自己却能来去自由。那张神奇的网上究竟有什么，那织成大网的蛛丝又有什么奥妙？通过法布尔的眼睛，我们将看到一个谜一样的神奇世界。

园蛛的螺旋状网中设有可怕的圈套，我们不妨以条纹园蛛或纺丝园蛛为例来进行观察，这两种蜘蛛在大清早就能找到。肉眼即可看出，与架子及辐所用的丝不同，蛛网所用的丝互相交织，在阳光下熠熠生辉，宛如一串珠花。蛛丝太过柔弱纤细，哪怕是极轻微的呼吸，也会使蛛网颤动不已，因此不能用放大镜直接观察。我用玻片粘取了几根蛛丝，以保证蛛丝仍呈平行状态附在玻片上。这下子，放大镜和显微镜就有用武之地了。所看到的情景着实让我大吃了一惊。本已细小得若隐若现的蛛丝，竟是由两捻细丝紧缠交织而成，好像军官剑柄上的金穗一样，而且，它们还中空而呈管状，内充着类似阿拉伯树胶液的黏液。我能看到一股透明的液体自丝管裂口汩汩而出。在显微镜的镜台用薄玻片将蛛丝压平，于是它就成了皱巴巴的丝带。一条深色细纹横贯其间，正是储液丝管。黏液自管壁缓缓渗出，凝成曲形的线状，于是蛛网就有了黏性，原来蛛网的黏性就是这样产生的，我真是开了眼界。我拿一根细草去挑蛛丝，手脚再轻，细草都会立即被粘住。一提起稻草，附在上面的蛛丝便拉伸至原长的两到三倍，像橡胶丝一样，松开后它能恢复原形而不断裂。正是卷曲的性质为它提供了伸缩的余地，而其黏性则源于内充的黏液。总之，螺旋性蛛丝是自然界中最精巧的毛细管，因卷曲而形成的弹性使它能扛住猎物的挣扎而不断。在空气中受潮后，丝管里的黏液会源源不断地渗出来，于是蛛网能永保黏性。蜘蛛就是靠这种有黏性的网来捕获猎物。网的黏性之强，简直匪夷所思，即使蒲公英轻擦而过，也不免被粘住，真是"蛛网恢恢，疏而不漏"。

可话说回来，为什么蛛网就粘不住蜘蛛呢？首先别忘了，蜘蛛在"陷阱"的中央为自己留下了一块自留地。营造自己的"蜗居"的时候，它并未使用黏性螺旋丝，黏性螺旋丝离中心还有一定距离时便"戛然而止"了。经稻草试探，较大的蛛网中央有一块巴掌大小的地方，是由中性蛛丝结成，并无黏性。辐和辅助螺旋丝的端头用的也是这种材料。蜘蛛端坐于这个"中军帐"中，终日静候猎物掉入陷阱。蜘蛛无时无刻不在触网，却无被缚之虞（被绑的忧虑。虞，yú，忧虑、担忧），因为"中军帐"的建筑材料是另一种平直坚韧的蛛丝，全无黏性，猎物掉入陷阱（有时也会掉在网的边缘）后，蜘蛛便迅速冲上去，重重捆缚，以防猎物挣脱。之后蜘蛛又爬回网上，行动没有丝毫不便，甚至动腿都不会带起蛛丝。

这勾起了我对儿时的记忆。那时，一到星期四，我就和一群玩伴去大麻地里逮黄雀。我们先在手上擦点儿油，才往树枝上涂胶水，以免粘住。难道蜘蛛也知道油脂的妙用吗？咱们不妨来做个实验。

我用油纸轻拭稻草，再触蛛网上的螺旋丝，果然不粘。谜底揭开了。我又从一只活蜘蛛上截下一条腿，去碰黏丝，可想而知当然不粘，正如它不会被辐和框架某些部分的中性蛛丝粘住一样。我将蛛腿在二硫化碳（脂类的最佳溶剂）浸泡十五分钟，再用一把也在二硫化碳中浸过的刷子刷洗这条腿，之后把蛛腿放到蛛网上。哈！它和没擦过油的稻草一样，被粘住了！我以前就认为，是某种油性物质使得蜘蛛免于受粘，这下好了，用二硫化碳实验的结果证明了我的猜想是完全正确的。另外，动物因为排汗而使体表附有油脂，同理，蜘蛛也是通过排汗给自己的体表涂上了一层薄油，这样它就能在网上行走自如而不会自缚了。然而，长时间地和蛛网接触多少会带来一点儿黏滞和不便，而蜘蛛又必须保持相当的灵敏性，以确保在猎物挣脱之前扑过去，因此，"中军帐"才绝对不用黏丝。蜘蛛静候在这里，把八条脚撑得开开的，一动不动，随时留意着蛛网上哪怕是极轻微的抖动。它常用一根丝线头将猎物拖到这儿，慢慢享用。网中心这块地盘是蜘蛛的哨所兼餐厅，自然不能带有黏性。由于黏液的量太少，我们无法对其化学成分进行研究。显微镜下可以看到，黏液是透明的，里面多少带有一点微粒。黏液从断开的终端流出来。由下面的实验我们可以发现其更多的特性。

用玻片粘取几根蛛丝，蛛丝仍呈平行状态。用一个钟形玻璃容器罩住玻片，浸入水中。由于四周空气的湿度增加了，蛛丝表面很快就产生了一层水膜，水膜逐渐增多，开始往下流。这时的蛛丝不再卷曲，丝管变成了一串半透明的珠花，也就是一串极小的水滴。二十四小时后，蛛丝中的黏液已经流尽，变成了几乎看不见的细线。在玻片上滴一滴水，则可得到黏性溶液，和阿拉伯树胶溶液差不多。结论显而易见，蜘蛛的黏液是一种容易受潮的物质。在湿度很高的环境中，黏液会被潮化，然后通过丝管管壁渗出。上述结果足以解释蛛网的某些工作原理。成年的条纹园蛛和纺丝园蛛早在天亮前几个小时就开始结网了，要是起雾，它们间或也会留下一些"尾巴"工程。它们会先建框架，安装辐，盘辅助螺旋丝，因为这些东西不会受潮。次日若是天公作美，它们就会完成未竟的工作。黏丝的高度吸水性虽有缺陷，但也有其自身优点。白天捕食时，这两种园蛛都喜欢出没于蟋蟀的乐园——一些酷热之地。如果不是因为其特殊构成，蛛丝早就干燥、皱缩而失效了。可恰恰相反，在炙人的热浪中，蛛丝仍然柔韧，既有弹性又有黏性。奥妙在哪儿呢？正是由于有极强的吸水性，蛛丝才能慢慢吸收空气中的水分，将丝管中的黏液稀释到一定浓度并使它渗出来，以补充外壁减弱了的黏性。就蜘蛛编结粘网的高超技术而言，捕鸟者谁可与之媲美？而这么浩大的一项"工程"仅仅是为了捕获区区一只昆虫，并且其干劲之足也无与伦比。

知道蛛网的直径和圈数后，就很容易算出蛛丝的全长了。我们发现，每次结网，有角园蛛竟能一口气吐出近二十码长的黏丝。纺丝园蛛更胜一筹，能吐三十码左右。两个月来，我的近邻有角园蛛几乎每晚都会重新结网，累计起来，它吐出的这种卷曲管状充胶丝居然有近四分之三英里长！我真希望自己是个解剖学家，无须这样劳神费眼，并且能用更好的设备进行观察，向大家娓娓道来神奇的蛛网的工作原理，如：黏质是如何凝成毛细管的？此管怎会充满黏液并紧紧卷曲？同一丝腺是怎样分泌出结网所需的无黏性蛛丝、充塞于条纹园蛛肚子内的黄褐色黏液，以及那肚子上的黑色曲纹的？蜘蛛的肚子真是个神奇的工厂，竟能生产出如此许多的产品！对于这台机器的工作原理，我只知其然，而不知其所以然。我们就把问题留给那些解剖学的名家大师，请他们找出一个合理的答案吧！

园蛛：电报线

导读：稳坐在"八卦"网中央的园蛛非常灵敏，只要网上有动静，它就会迅速赶到事发地点，生擒活捉这些倒霉的家伙。它们靠什么来确定猎物的位置，视力、嗅觉还是其他方式？法布尔反复实验才发现，原来电报系统可不是人类的专利。

我所观察的六种园蛛中，只有两种园蛛——条纹园蛛和纺丝园蛛——经常蜗居于网中，甚至在烈日下也"足不出户"，其他几种园蛛则往往要等到傍晚才抛头露面。它们躲在蛛网附近的灌木丛中，准确地说，是躲在由弹性丝架起来的几片叶子当中，随时准备抽身撤退。白天的大部分时间它们都静静地候在这里，沉浸于冥想。然而，田野里的欢乐景象让它们感到极不自在。知了蹦得从没这么欢，蜻蜓也飞得从没这么快活。

一夜过后，尽管有点儿破损，但蛛网仍然可以对付着使用。如果哪个昏了头的家伙自投罗网，那么，躲在别处的蜘蛛能否将它截住呢？不必担心，它会风驰电掣般地赶过来。它是如何得知这一信息的呢？让我来解释一下好了。

使蜘蛛知道有猎物上钩的是网的震动，而不是它的眼睛。一个简单的实验即可证明这点。我先把一只蝗虫溺死在二硫化碳溶液里，再把它放在条纹园蛛的黏丝上。不管摆在哪个方向——前、后、左、右我统统试过，可蜘蛛还是待在网中央，纹丝不动。再拿一种白天躲在叶子间的园蛛来做实验，结果也是相同的——死蝗几乎被摆到了网中心，然而蜘蛛对它视而不见。在这两个实验中，蜘蛛没有任何举动。即使蝗尸摆在面前，它也一动不动，连正眼瞧都不瞧一下，像是没有看见。到后来，我的耐性都给磨光了。于是，我藏在暗处，用一根长长的稻草轻轻地拨了拨蝗尸，使它颤抖起来。这就够了。条纹园蛛和纺丝园蛛迅速赶往中心，其他几种园蛛也连忙奔下树枝，扑向蝗虫，用丝把它捆起来，就像它们平常对付落网活蝗虫时那样。是蛛网的震动将它们引了过来。也许灰色的死蝗颜色不够鲜艳，无法引起它们的注意。那么，我们就换一种炫目的颜色——红色来试试吧，相信蜘蛛对这种颜色也很敏感。由于蜘蛛的猎物中没有身着"红装"的，所以我就做了根小红棍子，体积与蝗虫差不多大小。我把红棍粘在网上。这一招挺灵验：小木棍如果静止不动，蜘蛛就毫无反应；而当我用稻草拨动诱饵，蜘蛛就会立刻冲上去。有几个呆头呆脑的家伙只拿脚碰碰小木棍，就用丝去捆绑它。它们甚至不管三七二十一，抓着棍子便是一顿乱啃，并注入毒汁。到这时，把戏才穿帮，受了捉弄的蜘蛛退回休息处。过了很久，它才把那块难啃的木头扔出网外，然后现身出来。当然，其中也不乏聪明的蜘蛛，这些蜘蛛一样会匆匆奔往我暗中拨弄的小红棍。它们像在网中心那样，在叶间的"帐篷"里闻风而动，先用触须和脚对"猎物"进行检查。发现这东西没有什么价值后，它们就不会拿丝去捆缚，以避免无谓的浪费。我拨弄的小红棍没有使它们上当受骗，略一试探，它们就会把它丢出去。只是，聪明的蜘蛛和愚笨的蜘蛛一样，都会不辞辛苦地从灌木叶中飞速赶来。它们是怎么知道网中有猎物的呢？很显然，它们看不见猎物。在没有识破我的骗局之前，它们会用脚夹起小红棍，有时还会轻咬它几口。它们的视力非常糟糕，一只死猎物若是没有晃动蛛网，那么，哪怕它就在眼皮下，蜘蛛也发现不了。而捕猎往往是在伸手不见五指的黑夜中进行的，那时视力再好也是白搭，猎物就算是近在身旁也未必能看见，就别提离得远了！在这种情况下，用于探测距离的装置就必不可少了。我们轻而易举就能发现这个装置。那些白天有藏身之所的园蛛，在其蛛网后面都设了个"机关"：网中心有一根丝斜斜地伸了出去，直通到蜘蛛白天藏身的灌木丛中。除了与网中心相连外，这根丝与蛛网的其余部分，包括架子上的丝在内，都没有任何"牵连"。它由网中心径直伸向蜘蛛在灌木丛的"帐篷"中，没有一点儿障碍。这根丝大约有二十英寸长。有角园蛛喜欢攀爬高枝，所以它的这根丝长达二十九英寸。不消说，这根斜丝是蜘蛛搭起来的步行桥。一旦出现紧急情况，蜘蛛便由这道桥匆匆赶到蛛网那儿。把事情办完后，它又由这道桥返回栖息之所。事实上，这条小路是它来回穿梭的通道。这是它的全部效用吗？显然不是。要是它的作用仅在于为蜘蛛迅速往返于"帐篷"和蛛网之间提供一条捷径的话，那它从网的下端直接引到蜘蛛的隐居处就可以了。那样做既可缩短行程，也可减小坡度。另外，这条丝为什么总是从粘网的中心，而不是别的什么地方牵出来呢？就因为网中心是辐的交汇处，所以它理所当然地也是震动的中心。网上一有动静，中心便会震颤。此时得有一根丝连在这个中心点上，把网上有猎物在挣扎的消息传导给远处的蜘蛛。延伸出网外的斜线不仅起着步行桥的作用，它更重要的功能是传递信息。它是一条"电报线"。

我们来做个实验。我把一只蝗虫放在网上，被黏丝裹住的蝗虫奋力挣扎。蜘蛛立刻从"帐篷"里冲下步行桥，奔向蝗虫，把它来个五花大绑，依常规处置。不一会儿，它用吐丝器吐出的一根丝缚住蝗虫，拖着它到了上面的"帐篷"里，准备津津有味地咀嚼一番。至此就没啥新鲜事了，一切照旧。有好几天，我不去骚扰它，让它自得其乐。后来，我又为它准备了一只蝗虫。只是这一次，我用剪刀剪断了信号线，并小心地没让它的"大厦"晃动分毫。猎物被放在了网上，一切都不出我的所料：受缚的蝗虫开始挣扎起来，震得蛛网直颤；一边的蜘蛛不予理会，似乎什么事情都没发生。或许有人认为，蜘蛛之所以待在"帐篷"里一动不动是因为步行桥断了，它无路可走。但我们不要忘记：只要它愿意去，摆在它面前的罗马大道又何止几十条？蛛网被许许多多的丝牵附在树枝上，蜘蛛可以经由其中任何一根丝抵达目的地。然而蜘蛛却没采用这些线路，只是静静地待在原地，"两耳不闻窗外事"。为什么？就是因为它的电报线出了问题，没法告知它网在震动，它根本看不见网中的猎物。整整一个小时过去了，蝗虫依然在负隅顽抗，而蜘蛛仍蒙在鼓中，我则乐得旁观。最后，蜘蛛如梦方醒，发觉自己脚下的信号线绷得不如原来紧了，便出来一探究竟。它顺着架子上的第一根丝，不费吹灰之力就来到了网中。蝗虫被发现了，它把蝗虫捆缚起来后，再重做了一根信号丝，以替代原来被我剪断的那根。蜘蛛拖着俘虏，沿这根丝凯旋而归。我的邻居——那只大肚子的有角园蛛——的电报线有九英尺长，它给了我新的意外。一天早晨，我找到一张已被它遗弃的蛛网。这张网没有破损，也就是说，它当晚的狩猎并不成功。那么，这家伙肯定已经饿坏了。我拿一只昆虫作为诱饵，想把它引出叶间的庇护所。蜻蜓做了这次实验的牺牲品。我把蜻蜓粘在网中，它拼命挣扎，摇得蛛网一颤一颤的。一只高居于柏树叶间的蜘蛛马上作出了反应，它大步流星地沿电报线冲向蜻蜓，把它缚住，然后用自己脚上的丝拖着战利品回到了老巢。最后的盛宴在又高又静的祭坛上完成。几天后，我如法炮制，又做了一个相同的实验，但这次我先剪断了信号线。我挑了只大蜻蜓，这个俘虏自始至终没有安分。我耐心等候，不过一切都是徒劳：蜘蛛终日没有下来。电报线断了，它怎么可能知道九英尺开外的地方发生的事情呢？它并非对那只被困的大蜻蜓不屑一顾，而仅仅是由于不知情。临近黄昏时，蜘蛛离开了居所，在路经残网的途中它终于发现了蜻蜓。于是，它就地美餐了一顿，之后再重新织网。

我有幸观察到了一种园蛛——碗状园蛛，它的这套信息结构要简单一些，但基本原理是一样的。我们春天才能见到这种园蛛，那时它非常热衷于在迷迭香花丛中追捕家蜂。它在枝桠的密叶间造了间丝壳，形状、大小都与橡椀（橡果的壳）相仿。它待在这里，把大肚子塞进那个圆圆的洞中，前足则搭在洞边缘，一副跃跃欲试的样子。这个懒惰的家伙酷爱此处，而且它可不像其他园蛛那样，经常倒立在网中。它舒服地安坐于它的空壳中，等待猎物上钩。和其他园蛛一样，它的网也与地面垂直，并且面积不小，往往设在蜘蛛的安乐窝——橡椀的旁边，而且蛛网和橡椀还通过一根长长的斜线连在一起，这根线是一根辐。蜘蛛坐在椀底，常把脚放在辐上。辐的另一端是蛛网的震动中心，一有什么风吹草动，它就准确及时地向蜘蛛通风报信。因此，它具有双重功能：一是支撑黏性丝线，二是通过震动向蜘蛛传递信息。有了这种辐，就没必要再造一根专用的信号线了。而其他几种园蛛因为白天待在距蛛网较远的地方，所以必须做根专线，否则就无法探知弃网中的动静。事实上，每只园蛛都有一根专门的电报线。年事一高，园蛛就只想歇歇手，好好睡一觉。年幼的园蛛虽然精神抖擞，可它们对电报线的妙用一无所知。更何况它们的网寿命不长，次日一早几乎就难觅踪迹了。既然已成废网，根本捕不到猎物，做通信设备又有何用呢？只有那些在远处的"绿篷"中或沉思或打盹的老家伙们，才会留意电报线发出的信号，从而得知远处网中发生的事情。为了减少整天看守蛛网的劳顿，好好休息，也为了时刻保持警惕，蜘蛛会背对蛛网，把脚搁在电报线上。我把观察到的结果向你们汇报一下，你们就会明白是怎么回事了。

大腹便便的有角园蛛会把网结在两棵相距一码的棉毛茭之间。火辣辣的太阳照在这张早在天亮前就已遭遗弃的蛛网上。蜘蛛待在它白天的居所中，你循着电报线一下子就能找到那个地方。这地方呈拱形，由一些枯叶和丝线搭成，还挺深的呢。蜘蛛把全身都隐藏在其中，只露出它丰满的后足，把守着城堡的大门。它前半身都埋在橡椀中，所以自然瞧不见蛛网中的动静。那么，在这晴空丽日下，它是否会放弃捕猎的念头呢？绝对不会。我们就拭目以待吧。快看！它把一条后足伸到了叶子城堡的外面，而足尖上恰恰连着信号线的另一端。要是你没见过蜘蛛这样把"手"搭在电报线上，你就不会明白其中的奥妙，不知道动物还有如此惊人的智慧。一有猎物出现，正打瞌睡的蜘蛛的脚便会颤动起来，提醒它赶快行动。被我亲手放进蛛网的蝗虫像是给它打了一针强心剂，暗示它有一顿佳肴在等着它享用。它吃得酒足饭饱，而我也心满意足——因为我又学到了一些新东西。我逮着了一个千载难逢的机会来一睹柏树居民的某些习性。第二天早上，我又像昨天那样，将电报线剪断，不过这次我留下的一边线估计有一臂之长，它被蜘蛛伸出户外的后足拉拽着。随后我在网中放了双重诱饵：一只蜻蜓和一只蝗虫。蝗虫在里面拳打脚踢；蜻蜓则扑棱着翅膀，上蹿下跳。蛛网颠簸得非常厉害，震得蛛巢附近架子旁的许多树叶都簌（sù，颤抖的样子）簌抖动起来。即使这种震颤近在身边，蜘蛛也无动于衷，它甚至没有掉转身去看的意思。信号线一旦失效，它就懵懵然（糊涂的样子。懵，měng），不知外界发生了什么事。整整一天，它不惊不扰地待在原地。晚上八点钟，它终于出门来编织新网了。这时它才发现了我给它弄来的那笔"意外之财"。对了，还有一点需要说明一下。蛛网经常在风中摇曳，网上某些部分会因为受到旋风的冲击和侵扰，而无法将震动传到信号线上。这时的蜘蛛不会出门，哪怕蛛网被弄得惊天动地，它也安之若素。所以，它的电报线比拉铃索还要管用，一有什么风吹草动，就立刻通报蜘蛛。这根电报线像咱们的电话线一样，能传播各种声音。蜘蛛一只爪子紧紧揪住这根电报线，用脚去"倾听"。它警惕着远处的震动并作出判断：到底这震动是源于猎物落网呢，还是风的声音？

园蛛：配偶与捕猎

导读： 在园蛛的世界里，雄蛛求婚需要冒生命危险，才能完成大自然交给它的繁衍任务。猎取食物时，园蛛们同样表现出简单的残暴和执着，但这也许正是它们能继续生存下去的原因。

尽管这个问题很重要，可我还是不愿意谈蜘蛛的婚礼。这些家伙生性冷酷，在那似梦如幻的夜晚，其爱情很容易酿成悲剧。我曾有幸目睹蜘蛛的一次婚配过程，但仅此一次。说到底，我还是要感谢我的幸运之星——那只胖胖的有角园蛛，也就是我经常借着灯光观察的那位近邻。我把事情的来龙去脉说一遍。

八月的头一个星期天，大概是晚上九点钟吧，繁星满天，静谧中透着闷热。蜘蛛的网还没有竣工，它正一声不吭地伏在悬索上。网还没建好它就懈下劲来了，真是罕见，所以我不免吃了一惊。莫非发生了什么不同寻常的事？果然，我瞧见邻近的树丛中奔出一只雄蛛，跳到了悬索上。它个子非常小，正在向那位傲慢的大块头角蛛打招呼呢。咦，待在偏僻角落里的它是如何得知这里有根求婚索的呢？

说来也怪，蜘蛛们的婚礼总是在寂静的夜里举行，无须召唤，也没有信号，谁都弄不明白它们是怎么取得联系的。据我所知，蜘蛛在闻到某种神秘的气味后，会从一里开外的地方赶来拜访它钟形玻璃罩中的隐者。今晚的小个儿是又一位夜间的朝圣者，它穿过错综复杂的树丛，径直奔向情人。似乎有个准确无误的指南针在指引着它，也指引着无数雌蛛雄蛛步入婚姻的殿堂。它攀着陡立的悬索，一步一步小心翼翼地往前走。在离雌蛛不远的地方它停了下来，犹豫着该不该往前走。现在是时候吗？不是。雌蛛抬起一只脚，这位朝圣者惊恐万分地掉了下去。平了平心跳以后，它再次鼓起勇气往上攀登，这回离雌蛛更近。一次又一次受惊，一次比一次接近，不停地逃开又跑回来，它总算打动了佳人的心。坚持就是胜利，这对情侣终于面对面地站到了一起。雌蛛不言不语，一副矜持模样；雄蛛则兴奋得难以自抑。它壮着胆子，拿自己的脚尖碰了碰那位胖姑娘。好大的胆子！它像被电击中了似的，慌里慌张地倒栽了下去，一把抓住它的救命绳。然而，它很快便抖擞起精神，再次吹响了冲锋的号角。它开始了新一轮的进攻，就连我们都受不了它的软磨硬泡了。它用脚和触须去挑逗它那位胖乎乎的女友，女友则饶有兴趣地蹦跳着予以回应。它用自己的前跗节（或者说是手指）抓着一根丝线，像那些荡高空秋千的杂技演员一样，一个接一个地打起了后空翻。这样玩够了，它就抬起下腹，任由雄蛛拿触须轻轻抚摸。至此，雄蛛远征的目的已经达到了。之后它一溜烟地跑了，好像后面跟着个复仇女神似的。要是继续留在这里，保不准它会成为雌蛛的盘中餐。

　　类似的情况再也没发生过。我白白守了几个晚上，可小伙子从此就销声匿迹了。它走后，新娘跳下悬索，继续织网捕食。毕竟肚子空空是吐不出丝的，而吐不出丝就没法弄到吃的，更没法负担丝茧所需要的昂贵成本。所以，即使是在新婚的欢愉之后，它也不能休息片刻。园蛛在黏网中极具耐心，它头朝下，八条脚趴得开开的，霸占了整个网中心，辐会把所有的信息传到这里。不论哪个地方发生了颤动，暗示着有猎物上钩，蜘蛛根本用不着看，就知道是怎么一回事儿。它立即行动，而当它赶到时又没什么动静了，你肯定认为它得到了误报。反正一有可疑的情况它就会摇晃自己的巢穴，这是一种恐吓来犯之敌的方法。假如我想看看它这种奇特的反应，只须用一截稻草去挑逗它，而且还得使点儿劲，要不然它就不会摇摆。胆战心惊的蜘蛛希望将恐惧心理来一个转移，所以它非得撞着什么东西才甘心。谁也不会帮它一把，它只有借自己的绳索来摆动。没有明显施力的痕迹，这家伙也没有移动，可整个蛛网都猛烈地摇晃了起来，似乎是惯性使然。闲来无事易生非。心绪稳定下来后，蜘蛛又摆出了狩猎的姿势，同时满脑子都在想那个严峻的生活问题："今天有没有东西吃呢？"

　　某些动物就没有这个忧虑，它们的食物储备很丰富，用不着去拼死拼活地找东西来充饥。这是些堕落了的上层阶级，它们还有闲情逸致四处游荡。而另一些物种——颇具讽刺意味的是，它们通常都是最具才华的一类——却只能凭自己的技能和耐心才能维持生存。你就是其中的一种，我勤劳的园蛛！你每晚耐着性子工作，但常常劳而无功。我对你的不幸深表同情，因为我和你一样，也为一日三餐感到发愁。我还得不断地思索，这比逮飞蛾更费事，但也更没有意义。别泄气，幸福的生活不在现在，更不在过去，而是在将来，将来是希望所在。咱们就耐心等待吧。

整整一天，天空灰蒙蒙的一片，有种山雨欲来风满楼的气氛。尽管暴雨将至，可我那位善于预测天气的邻居有角园蛛还是钻出了柏树叶，照常不误地织起新网来。它的预感挺准，今晚天气不错。果然，闷热的云层渐渐地散开来，裂开的夹缝里探出了月亮那张好奇的脸儿。我提灯观望，一股北风驱散了上面的乌云，顿时晴空万里，夜晚显得那样静谧，飞蛾又出来夜舞了。好极了！一只大蛾落网了！蜘蛛今晚有一顿美餐了！接下来发生了什么，由于光线黯淡，我看得不是很真切。咱们还是去找那些从不离开蛛网，而且常在白天捕食的园蛛吧。条纹园蛛和纺丝园蛛都住在园子的迷迭香丛中，它们会在大白天里把那悲剧性的一幕一五一十地展示给我们。我亲手把一个受害者放进了蛛网，它的六只脚立刻被粘住了。要是它想抬起一只跗足够着自己，那么那条来者不善的丝就会紧随其后，稍稍伸长，既不放松又不断裂，任凭俘虏作绝望的挣扎。其他的脚若想帮忙解开丝线，只会是作茧自缚，被粘得更快，也更牢。它无路可逃，除非使劲将陷阱撕开一个裂口，但这连那些身强力壮的昆虫恐怕都心有余力不足。蛛网一晃，蜘蛛就会飞奔而至。它先在猎物四周兜它几圈，远远地审视一番，以确定进攻的危险系数有多大。猎物受缚的牢固程度决定着它所采取的战略。咱们来看看它是怎样对付普通猎物——飞蛾和苍蝇的吧。它在俘虏面前微收肚子，先用吐丝器的一端对猎物略加试探，然后再用前跗足把猎物逗弄得头晕眼花。困在滚动"囚笼"里的猎物失去了往日的灵巧劲儿，被折腾得狼狈不堪。黏性螺旋丝上有根横档起着"笼子"轴杆的作用，它能像烤肉叉似的飞快地转动。我在一旁看得兴高采烈。它做旋转运动的目的是什么呢？看下去就知道了。吐丝器之所以要和猎物短暂接触是为了定下丝线的起点，然后蜘蛛才把丝从丝囊中抽出来，在猎物身上绕上一圈又一圈，将它缠得紧紧的，这比任何办法都管用。咱们的金属加工厂也采用了相同的模式：让一个受电动驱动的卷筒旋转，将金属丝从一块钢板的狭窄孔眼里抽出来，一圈圈地缠绕在卷筒上。园蛛正是这样工作的。它的前跗足相当于一个发动机，被捕获的昆虫相当于旋转的卷筒，而吐丝器则相当于钢板上的洞眼。要准确利落地将猎物"绳之以法"，这种方法是最好的，既有效，又划算。偶尔它也会使用另一套办法。

它一边快速绕着无法动弹的昆虫，一边将丝线逐渐勒紧。由于黏丝具有很好的弹性，蜘蛛才能一而再、再而三地跳入网中，而不让蛛网受到丝毫损伤。

现在我们再来看它是如何对付那些危险的猎物的吧，譬如张牙舞爪的螳螂（它致命的尖爪上还配有两个锯齿），冷不丁就猛蜇你一口的怒气冲冲的黄蜂，还有那披着厚甲近乎无敌的甲虫。这些都是难得的大餐，园蛛平常少有机会品尝。它能享受我的馈赠吗？能，不过颇费了一番周折。这些是危险分子，不宜靠近，所以蜘蛛才会把背对着它们。它拿出自己的武器——丝绳比画了一下，然后蓦地用后足从吐丝器里抽出一大团而不是一根丝。这些丝带万箭齐发，被蜘蛛呈扇形展开的脚掷了出去。俘虏的脚上、翅膀上，到处都缠满了蛛丝，最后变成了一个浑圆的丝球。为防不测，蜘蛛毫不吝惜丝线，把猎物从头到脚绑个结实。在这样强大的攻势面前，任你再凶猛的猎物都要俯首就擒。螳螂张开爪子上的锯齿，黄蜂使用它的毒刺，甲虫则伸脚弓背，妄图作一番顽抗，但没有用：一拨又一拨的丝线猛扑过来，使它们的任何挣扎都成了白费力气。然而，大量的耗费向丝厂亮起了红灯——它的资源已所余无几了。相较之下，用卷筒的方法要节省得多，可为了开动那台"机器"，蜘蛛就得铤而走险，用自己的脚去使它运行。这太危险了，它宁愿站在一个安全的地方，继续用丝捆缚。丝用完了还可以再生产嘛！只是，看样子，蜘蛛仍为这种昂贵的付出而感到不安，只要有可能，它就会欣然开动卷筒。我曾看见它对一只大甲虫突然改用这一招，那只大甲虫长得圆圆滚滚，在整个旋转过程中配合得很默契。等它被折腾得无法动弹时，蜘蛛便走上前来，像对付一只中等大小的飞蛾那样来对付这个胖乎乎的倒霉蛋。若被俘的是螳螂，由于它的脚和翅膀太长，旋转起来不方便，蜘蛛不等它完全屈服是不会停止喷丝的，即使丝全部耗尽它也在所不惜。这些猎物往往都具有毁灭性的破坏力，要不是我弄来几只，我还真没见过它是怎么对付它们的呢。这两种方法只要任取其一，大大小小的猎物都会手到擒来。接下来的举动千篇一律：蜘蛛立刻带着受缚的猎物打道回府，它要在居所内慢慢地享用美餐。如果俘虏是衣蛾之类的小东西，它就会在捕获地点当场把它们吃掉。可是，对于丰硕的战利品，蜘蛛指望着能多吃几餐甚至是多吃几天，所以它得有间隐蔽的餐厅，能安心进食，而不必担心黏网碍手碍脚。去餐厅之前，它会先把猎物反向转上几圈，为的是松开离它最近的、充当机器轴杆之用的辐。这些辐可以保持网的完整性，必要时它们还能贡献几根横档。完成自己的使命后，辐卷曲了的两端便会恢复原状。蜘蛛用一根丝线拖着五花大绑的猎物离开了蛛网。后来，沉甸甸的猎物被它拽上了休息处——那个集岗亭和餐厅功能于一身的地方。那些怕光而又有根电报线的蜘蛛会顺着这根线上爬至白天的居所，全然不顾身后的猎物在撞自己的脚跟。

趁它养神的工夫，咱们去观察一下那只被丝重重缚住的猎物吧。蜘蛛会不会因为怕它在自己进餐时反抗，而将它置于死地呢？我完全有理由这样怀疑。它的进攻藏而不露，给人的感觉就好像只是亲吻了一下对手，此其一；其二，它咬的地方很随意，一般是它最先触到的身体部分。我们都知道，职业杀手从不会失手：要么一剑封喉，要么就破坏掉敌人的神经中枢——能量的发源地。对于那些经验丰富的解剖学者和麻醉大师们来说，破坏神经中枢是拿手好戏。而园蛛并不具备这项专业知识，它像蜜蜂蜇人时那样，胡乱地将蜇爪刺在猎物身上。它不选择部位，够着哪儿就咬哪儿。因此，它的毒液得有致命的杀伤力、能使伤口失去知觉才行。我几乎不敢相信，经它这一咬后，就连抵抗力极强的昆虫都会当即命丧黄泉。然而，园蛛常常以血而非肉来充饥，难道它真的想要一具死尸么？对它来说，吮吸新鲜的肉体应该更加方便呀。因为活虫体内的血液是流动的，吸食起来比尸体中的死血会更容易。蜘蛛打算吸干其血液的猎物很可能还没有死。要证明这一点并不难。我从自己的动物园里提取了几种蝗虫，并把它们放到蛛网上，这张网上放一只，那张网上放一只。蜘蛛马上跑来绑住猎物，并轻轻地咬了它几口，然后走到一边等待毒性发作。这时我取走昆虫，并小心翼翼地替它解开紧缠的丝衣。蝗虫根本就没死，你甚至可以认为它丁点儿苦都没受。我不甘心，又把获释的囚徒拿到放大镜下观察，结果还是一样：它身上一处伤口都没有。刚才我亲眼见到它被"吻"了一下，莫非它毫发无损？凭它那股抓挠我指头的疯狂劲儿，你大可点头称是。不过，放到地上以后，它的举动就显得笨拙起来，似乎不愿意再跳了。也许这只是暂时的反应，刚才在蛛网中噩梦般的经历会让它感到心有余悸，过会儿就没事了。我把那些蝗虫又放回笼子，并赏了它们一片生菜叶以示安抚，可它们依然惊魂未定。一天过去了，又一天过去了，蝗虫们谁也没去碰一碰那片生菜叶，它们毫无食欲，行动则愈见呆滞，一副病入膏肓的模样。第三天它们就一命呜呼了，一只都救不活。因此，园蛛这轻轻一咬并不会使猎物当场毙命，而是让其毒性慢慢发作。届时这个"吸血鬼"在僵尸的血液完全凝固前，就有充裕的时间来消耗对手的体力，而不需冒任何危险。要是猎物体形巨大，蜘蛛就足足可以吃上一天。到最后，这只遭宰割的昆虫便只剩下最后一口气，正好能让蜘蛛痛快地吸食。

又有一次，我们目睹了另一种老道的杀虫方法。这种方法与专业麻醉师和刽子手所用的方法截然不同，而且也没有涉及任何解剖学方面的知识。由于不太熟悉对手的身体构造，蜘蛛便在它身上乱戳一气，然后注入毒液。不过，很少有猎物在被咬后立即毒发身亡的。我所住的地区一只有角园蛛与一只硕大无比的蜻蜓打斗，我把打斗的情形记了下来。这只大蜻蜓是我亲手放进蛛网中的，因为蜘蛛很少能捕到类似的大块头。网晃动得非常厉害，像要散架似的。蜘蛛立刻从叶间的"别墅"钻出来，大大咧咧地冲到蜻蜓那儿，将一捆丝绳朝它掷去。然后，它不假思索地一把抓住蜻蜓的脚，企图迫使它就范，然后再把螯爪刺进它的背部。它这种撕咬的方式颇让我吃了一惊，因为这不是我所熟悉的"轻轻一吻"，而是一种毫不留情的致命的伤害。将对手拳打脚踢了一阵之后，蜘蛛便退到一旁，等待猎物身上的毒性发作。我迅速拿开了蜻蜓，它已经咽下了最后一口气，没救了。我把它放在桌上，整整二十四小时，它一动不动。园蛛只是那么小小的一刺，强大的对手登时就死于非命，而我的放大镜却找不到伤口，可见它的武器有多么厉害。相较之下，响尾蛇、角蝰（分布在北非干燥地带的一种爬虫。蝰，kuí）和其他恶名昭著的家伙在对付猎物时就没有这么"心狠手辣"。然而，我对这些昆虫的克星——园蛛丝毫不感到畏惧。要是我甘愿被它咬几下，会出现什么严重后果？可能什么事都没有。比起蜘蛛那置蜻蜓于死地的"叮咬"而言，我们反倒更怕被荨麻（一种多年生草本植物，茎叶上的蜇毛有毒性，会引发过敏反应。荨，qián）扎一下。同样的毒液对于不同机体的杀伤力有强有弱。有些虽能杀死昆虫，却不能伤及我们的皮毛。然而，我们不能犯以偏概全的毛病。对于一些毒虫，我们千万不能掉以轻心，否则就会付出惨重的代价。

观看蜘蛛进食也不失为一种乐趣。下午三点钟左右，我发现那只角园蛛正在津津有味地品尝它的食物——一只蝗虫。它把食物放在网中央的休息处，先从腰腿上下口。据我的观察，它纹丝不动，甚至连口都没有张开。它将嘴巴紧贴在猎物的伤口上，并来回蹭着，不停地亲吻俘虏。我不时地跑去看一下。就这样，六个小时过后，它的嘴巴还在舔腰腿的下部，可不知为何，猎物的血液却已转到了这个食虫女妖的肚子里。一直到第二天早晨，蜘蛛的晚宴都没有结束。我拿走了它的食物，蝗虫的体形几乎没变，但体内的东西已被洗劫一空，光剩下一具空皮囊，上面还穿了好几个孔。由此可以看出，蜘蛛取食的方式在晚上有所改变。为了榨干这只昆虫，蜘蛛会逐个击破它的内脏、肌肉和坚硬的角质层。然后它反复地咀嚼这具千疮百孔的尸体，直到它变成一团小丸子，餍足（满足。餍，yàn）的蜘蛛方才善罢甘休。如果我不趁机拿走猎物，这将是猎物最终的下场。不论猎物是死是活，蜘蛛都是张口就咬。这是一种以不变应万变的好法子。我曾见过它以同样的手段对付不同的猎物,如蝴蝶、苍蝇、胡蜂、小蛾、蝗虫,等等。如果我给它螳螂、熊蜂、金龟子或是其他它不熟悉的猎物,它肯定会照单全收,管它是大是小,是细皮嫩肉的还是有甲有壳的,是地上走的还是天上飞的。它是个杂食主义者,什么都吃,有时连同类都不放过。要是它"因虫而异"的话,它就得备有一本解剖学词典,因为它毕竟所知有限,不可能对所有对手的习性特征知根知底。而泥蜂对蚱蜢、蟋蟀和蝗虫,土蜂对花金龟和螽斯(一种昆虫名。螽,zhōng)的幼虫都非常了解。其他的"麻醉师"和刽子手们也各有自己所熟悉的气味,各有自己特定的猎捕对象,对别的动物则一无所知。我们由此可以联想到食蜂的大泥头蜂,特别是那貌美的蟹蛛,它能一口咬断蜜蜂的脖子。与园蛛不同,这些家伙清楚对手的要害不在脖子上就在下巴下,它们是经验非常丰富的杀虫专家,其猎捕对象是家蜂。动物有点儿与人类相似:它们也"术业有专攻",只在自己熟悉的领域内才会有所作为。被迫对猎物"一视同仁"的杂食主义者园蛛,靠的不是技巧,而是自己的毒液。猎物不管被它伤中哪个部位,都会行动迟缓,甚至命丧黄泉。我们感到困惑,不懂为什么园蛛在对付诸多看上去千差万别的猎物时,都是那样的毫不含糊。如果你指望它拥有广泛全面的动物学知识,以作为行动指南,那就过高地估计了它那点儿可怜的智商。见到动的东西就追,这就是蜘蛛的原则。

(莫艳　译)

蟋蟀的故事

蟋蟀的故事

导读：蟋蟀，不管在民间故事还是在诗人的笔下，都是可爱的小昆虫。它们在漫长的夏夜里为我们放声歌唱，带给我们无穷的乐趣。如果我们俯下身子，仔细观察蟋蟀的世界，就会发现，这小小的昆虫竟有这么多让人惊异的地方。

人们所熟悉的有名的昆虫为数不多，其中居住在草地上的蟋蟀几乎与蝉一样有名。它的名气得自于它的居所和所奏的音乐。惯于描写动物的寓言诗人拉封丹有些疏忽，只对蟋蟀作了粗略的描写，不然它的名气还要大。

在一篇寓言里，拉封丹告诉我们，野兔看到蟋蟀耳朵的影子，觉得害怕，因为有些人喜欢把蟋蟀的耳朵说成是角。胆小的野兔收拾行李走了，临别说：

蟋蟀邻居，再见吧，我要搬走了；

不然，我的耳朵也会变成角的。

蟋蟀反驳说：

角？你是把我当傻瓜吧？
这可是上帝造的耳朵呀！

野兔不肯认错，坚持说：

可别人都说这是角呀。

拉封丹对蟋蟀作的描写就这么点儿。要是他多写几句就好了！不过，蟋蟀的宽容，他只用两句诗就把它出色地描绘出来了。是啊，蟋蟀并不是傻瓜，它长着大大的脑袋，里面装了多少东西呀。但是野兔赶快离开也没有错，当你听说什么人不好的时候，最好是离这个人远一点儿。

作家福洛里央也写过一篇蟋蟀的寓言故事，但是并没有写出这个好虫子的热情性格，而且也缺乏童真和趣味。再说，这篇寓言故事说蟋蟀不满意自己的生活，叹息自己苦命，这是多么奇怪的看法呀！经常注意到蟋蟀的人都知道，这种昆虫对自己的居所和本事是很满意的。就是福洛里央本人也让蟋蟀承认说：

我多么喜欢这个隐居场所！
在这里才过得上幸福生活！

我觉得这位朋友的一首寓言诗写得更好，更真实。谨（郑重地）

把它抄录在下面：

昆虫的故事告诉我们，
从前有一只可怜的蟋蟀，
在门口晒太阳，
看见一只美丽的蝴蝶飞过。

那是一只长尾巴的蝴蝶，
穿着绚丽的花衣，
背上一溜蓝色的月牙纹，
还饰着金斑和黑边。

蟋蟀对它说，飞吧，飞吧，
你一天到晚在花丛里飞，
可是你那些玫瑰和雏菊
抵不上我可怜的地洞。

蟋蟀说的是实话。
一阵暴雨把蝴蝶打进泥泞，
身子被撕得七零八落，
烂泥玷污了丝绒般的花衣。

而蟋蟀躲在地洞里，
根本不怕暴风雨打击。

老天爷下雨、刮风、打雷吧，

它逍遥自在，唱得欢快。

啊！我们不要只顾快活，

整天在花丛中奔忙穿梭；

寒碜（hán·chen，丢脸，不体面）的居所十分平安，

给我们免去许多痛苦。

在这首诗里我认出了我所熟悉的昆虫。我看见蟋蟀伏在地洞门口，抚弄着触角，晒着太阳。它并不嫉妒蝴蝶，相反它同情蝴蝶。它带着半是嘲弄半是怜悯的神气，那个模样，就像是街边开店的老板，看到居无定所却打扮得花枝招展的女人从门口经过时一样。它压根儿不会抱怨自己命苦，而是对自己的住所，还有自己的提琴深感满意。它是看得透想得开的家伙，知道虚荣是怎么回事。居所虽然偏僻一点，可是它看中的却是远离那帮寻欢作乐家伙的吵闹，独居一隅的清静。

是啊，这首诗描写的也大致正确，但是还远远不够，没有写到点子上，没有写出蟋蟀让人经久难忘的特征。自从拉封丹笔下出了疏漏之后，蟋蟀还在等着人们用必不可少的几句来概括它的优点。它将长久等待下去。

我作为博物学家，认为这两篇寓言描写的，主要是蟋蟀的居所。毋庸置疑，如果我涉猎的范围并不仅限于杉木书架上的几本书，那么在别的书本里也能找到类似的描写，因为这是寓言寓意的基础。

福洛里央说的是偏僻的居所，第二篇赞美的是它寒碜的住宅。所以蟋蟀引人注意的，甚至于引起一般不太关心现实的诗人注意的，首先是它的住所。

的确，在选择住所方面，蟋蟀是与众不同的。昆虫中只有它在成年后给自己建造了固定的居所。在气候不好的季节，大部分昆虫钻进、缩进临时的避难处。这些地方，得来不费功夫，弃之也不觉可惜。有些昆虫为了安家，建造了奇妙的居所，如用棉花做成的袋子，树叶搭成的篓子，水泥砌成的小塔。

有些靠捕获猎物为生的昆虫长期隐伏在一个地方，等着猎物自投罗网。例如虎甲虫是给自己挖一个竖井，用扁平的青铜色头颅堵住洞口。谁要是不小心踏上这个潜伏着危机的洞口，就会跌进陷阱，因为过路者一踩上去，那个脑袋做的翻板门立即就翻了下去。蚁蛉在沙子里掘了一个滑溜溜的斜漏斗，自己潜伏在漏斗底部，待蚂蚁滑下去，就用颈子作投射器，投出沙子来把蚂蚁打死。不过这终究只是一些临时性的隐蔽所，临时性的匪窟和陷阱。

蟋蟀辛辛苦苦修起住所，搬进去安居，不管是幸福的春天，还是悲惨的冬天，都不用再搬家，流落野外。这是为了自己的安宁，为了避开人家的捕猎，为了养后代而修筑的真正的居家之所。只有蟋蟀会这样做。因此它就成了某个阳光照射的草坡上一个隐蔽居所的主人。当别的昆虫四处流浪，睡在露天，或者偶然碰到什么剥落的树皮，枯死的树叶，或者一块石头，就凑合着在下面躲躲风雨时，它却得天独厚，舒舒服服地住在家里。

修建居所的确是个重要问题。不过蟋蟀、兔子，还有人类已经解决了这个问题。在我的住所附近，有狐狸和獾的居所。不过它们大多是利用凹陷的岩石，稍加修整而成的洞穴。兔子比它们更注意安全，如果没有天然的洞穴，可以不费气力地住进去，它就在合适的地方挖洞，给自己修造居所。

蟋蟀比这些动物都强。它看不上偶然碰到的隐蔽所，总是选择卫生的地方修建住所，而且朝向要好。它从不利用随便碰到的既不舒适又不方便的洞穴，它的居所，从入口到最里面的卧室，全都是自己一点儿一点儿挖出来的。

若论建造居所的技术，除了人类，我想不出还有什么动物比蟋蟀高明。即使是人类，在拌出砂浆来粘合砾石垒房屋之前，在搅和黏土来涂抹树枝扎成的墙壁之前，也是靠山岩和洞穴来保护自己免受猛兽袭击的。

天生的本领究竟是怎样分配的呢？这么一个小小的虫子，却能够住得舒舒服服。它给自己建造一个居所，这种本事连许多更高级的动物都不具备。它有一个安宁而隐蔽的居所，这是过舒适生活的首要条件。在它周围，没有一种昆虫居有其所。在这一点上，除了人类，没有任何动物可以与它相比。

它这种本事是从哪里来的呢？是因为拥有一种专门的工具吗？不是的，蟋蟀并不是格外出色的挖掘高手。要是人们注意到它掘土的能力是那样微弱，那对它干出的实绩简直会大吃一惊。

它是因为表皮特别娇嫩，才需要建造安全的住所吗？不是的，在它的近亲中，有一些表皮比它的更娇嫩，却不怕在露天生活。

它是因为身体本身的结构才爱好造屋的吗？它造屋的才能是由

机体的内部冲动所赋予的吗？不是的，我的住所附近有另外三种蟋蟀（两条斑蟋蟀、荒野蟋蟀、波尔多蟋蟀），它们的外貌、颜色、身体结构和田野蟋蟀是那样相像，以至于乍一看去，看不出它们有什么区别。两条斑蟋蟀体形与田野蟋蟀相仿，甚至于还要大一点儿，荒野蟋蟀差不多只有它一半大，而波尔多蟋蟀的体形还要小一点儿。可是这些忠实的模仿者，这些几乎完全相似的同类却都不会给自己挖掘住所。两条斑蟋蟀住在潮湿的地方，腐烂的草堆上；荒野蟋蟀在园丁翻起的土块中间游荡；而波尔多蟋蟀则大胆闯进我们的住所，在八九月间躲在某个阴暗清凉的角落里鸣叫。

用不着再问下去了，因为对我们提的每个问题，答案都会是"否"。尽管结构完全一样，但有的昆虫显示本能，有的却显不出本能，因此用本能来解释这点是说不通的。建造居所也与工具关系不大，因为没有任何解剖学的资料能够解释其原因，也就更谈不上让人预见其能力。在四种几乎一样的蟋蟀中间，只有一种掌握了挖掘洞穴的技术。这就在许多证明之外，再次证明了我们对本能的由来非常缺乏了解。

有谁不知道蟋蟀的居所呢？有谁在草地上打滚的孩提时代，没有在这遁世隐居的虫子屋前停过脚步呢？不管你的步子如何轻，它都听见你走过来了，于是它猛地往后一跳，就躲到了隐蔽所深处，等你走到它屋门前，早就见不到它的身影了。

孩子们都知道把蟋蟀引出来的办法。这就是拿根草茎伸进洞里，轻轻晃动。蟋蟀被上面的事情吸引了，心里痒痒的，就从秘密的套房里爬上来。到了前厅，它犹豫不决，就摆动敏感的触须来打探消息。接下来，它走到了亮处，走出了洞口。这时候容易抓住它了，因为它可怜的脑瓜子被这些事儿弄糊涂了。如果头一下没有把它逮住，它就会变得多疑，再用草茎逗它就无用了。这时往洞里灌一杯水，就可以把这个负隅顽抗的家伙逼出来。

天真的孩子在长着野草的小路旁边捕捉蟋蟀，用一只笼子养起来，拿莴苣叶喂它，那是多么美好的事情呀！为了能够更好地研究它们，我到处搜寻着它们的窠穴。我又想起了那美好的童年，往事历历在目。我清楚地记得玩伴保尔捉蟋蟀的情形，他那时年纪虽小，却已是精于草茎战术的专家了。他耐心而又灵活地与顽固抵抗的虫子周旋了好久之后，突然把握紧的小手举在空中，激动地叫着："我逮到它了！逮到它了！"他立即把小蟋蟀装进纸张卷成的尖筒里。小蟋蟀，你会得到孩子们喜欢的，不过，你还是先来告诉我们一些事情，让我们看看你的住所吧。

你的住所是一条斜斜的地道，开在一面朝阳的草坡上。坡势陡峭，雨水可以迅速流走。地道不到一指宽，顺着地形，或弯或直，至多尺把深。洞口一般都有一丛青草遮掩。蟋蟀出来吃周围的青草，独独不动这一丛。因为它要靠这丛青草挡风遮雨，掩蔽入口。从门口到内室有段距离，甬道微微有点儿坡度，经过了认真的耙扫。当周围平静无事时，蟋蟀就坐在这个亭子里，拉弓奏乐。

住所内部并不豪华，四壁光光，但一点儿也不粗糙。主人有充裕的时间来打磨掉太让人不快的地方。甬道尽头是卧室，在洞底，比别处宽敞一点，也修磨得光滑一些。总之，这是个十分简朴的住所，干干净净，清清爽爽，完全符合卫生要求。另外，考虑到蟋蟀微弱的掘土能力，这也算是一个巨大的工程了。如果我们想知道它是怎样建造，又是从什么时候建造这个工程的，那我们就必须回溯到产卵的时候。

想看蟋蟀是怎样产卵的人用不着做什么准备，只要有一点儿耐心就行了。照布丰的说法，耐心是天才，而我不把它吹得那样神，只说它是观察家应该具有的优秀品质。在四月间，至迟不超过五月，我们把蟋蟀一雌一雄单独放在花盆里，在里面垫上一层土，压实。蟋蟀吃的是莴苣叶，要经常换上新鲜的。我们在花盆上搁一块玻璃板，防止蟋蟀逃走。

借助这个简便的装置，我们获得了一些有趣的资料。必要时，我们也可以使用一个钟形的金属罩子，一个非常好的笼子。这点我们以后再说吧。现在，我们来看看蟋蟀是怎样产卵的。让我们精心守候，不要错失良机。

六月的头一个星期，我的勤勉探视终于有了令人满意的开端。我发现母蟋蟀把排卵管直直地插进土里，就这样一动不动地待了很久。对我有失礼貌的偷窥行为，它毫不介意。接下来，它抽出排卵管，在泥土面上随意扒拉两下，抹掉小孔痕迹，休息片刻，四处走走，又挪个地方继续产卵。它一会儿在这里插一下，一会儿又在那儿插一下，把所有可以利用的地盘都插到了。它产卵的过程和蚱蜢一样，只不过要慢得多。过了二十四小时，产卵似乎结束了。我为了保险起见，又等了两天。

第三天，我翻开花盆的泥土，发现那些卵呈草黄色，圆柱形，两头溜圆，长约三毫米。它们竖着埋在土中，彼此并不接触，但是距离很近。或多或少的胶质物将它们连在一起。整个花盆的土层里都可见到蟋蟀卵，深度在两厘米左右。尽管干起来很麻烦，我还是小心翼翼地翻开泥土，清点卵的数目。一只母蟋蟀大概产有五六百只卵。这样一个家庭在短时间内肯定得大量裁员。

蟋蟀卵真是一种奇妙的小机械。孵出小蟋蟀以后，它就像一只不透明的白瓶子，顶端有个十分规整的圆孔，沿着圆孔边扣着一顶圆帽做盖子。这个顶盖不是由新生儿盲目往外推，或者用剪子剪就能打开的，而是刻有一道特意准备的、十分脆弱的纹线，里面只要轻轻一顶，就自动打开了。现在我们来看看有趣的孵化过程。

卵产下来两星期左右，前端映出了两个又大又圆的黄黑点，这是蟋蟀未来的眼睛。在圆柱顶端，离这两点不远的地方，出现一圈纤细的环形软垫。这就是将要形成的那圈纹线，将来盖子就从这里打开，新生儿就从这里拱出来。卵壳很快变成半透明的，可以看到小家伙细微的孵化情况。这时必须加倍小心，勤于观察，尤其是在早晨。

机遇偏爱有耐心的人，我的勤勉得到了报偿。卵壳顶端，沿着环形软垫，通过极其细微的变化，勾出了强度最低的顶盖线。小家伙的额头轻轻一顶，卵盖就脱离了卵壳，像小香水瓶盖一样被掀开，落到一边，小蟋蟀就像玩偶盒里的小怪物，从里面爬了出来。蟋蟀出来后，卵壳还是饱满的，壳壁光滑，完好无损，呈纯白色，卵盖挂在出口一边。鸟卵是由雏鸟喙前专门长的尖角强力撞破的，蟋蟀卵的构造更为精巧，可以像象牙盒一样打开，小家伙额头轻轻一顶壳，铰链就张开来。

蟋蟀孵化的迅速可与食粪虫相比，那是在一年之中最好的日子进行的，因此观察者的等待也就不觉得难受了。夏至还没到，那玻璃板下面用做研究的十个家庭就已经是人丁兴旺了。一般而言，一只蟋蟀卵大约有十来天的孵化过程。

我刚才说，小蟋蟀顶开象牙盒盖，从里面爬出来，这话还不十分确切。在卵口出现的还不能说是蟋蟀，而只是个包着襁褓、看不出眉眼的小家伙。我预料到它会罩着这层包衣，穿着这套新生儿的服装，理由就和我先前预料蚱蜢裹有包衣一样。

我寻思，蟋蟀是在地下出生的，也有长长的触须和极长的腿，在钻出卵洞的时刻，这些附属器官会十分碍事，所以需要用一件紧身衣来裹住它们。

我的预料在原则上是十分正确的，可是只有一半得到了验证。新生的蟋蟀确实暂时裹着一件紧身衣，但这并不是用来帮助它钻出泥土的，它刚钻出卵盖就把衣服脱掉了。

这个例外是出于什么原因呢？也许是这样的：蟋蟀卵在孵化之前，在泥土里待的时间并不长，而蚱蜢的卵却在土里待了八个月。除了少有的例外，蟋蟀的卵都是在旱季孵化的，上面只压着一层薄薄的粉碎的干土，一拱就可以出来，而蚱蜢的卵则相反，上面的土层经过秋冬两季的雨水浸润，板结成块，钻出来很费气力。另外，蟋蟀身子比蚱蜢粗短，腿也没有那么瘦长。似乎这就是两种昆虫采用不同出土方式的原因。蚱蜢出生在更深更板结的土层，钻出来时需要外套保护，而蟋蟀出生在较浅的土层，只需要钻过一层粉状的泥土，也就用不着外套保护了。

既然小家伙一钻出卵壳就扔掉包衣，那么又何必要这件包衣呢？

对于这个问题，我反问一句作为回答：蟋蟀已变成发音器的鞘翅下面两个发育不全的白翅膀有什么用呢？这截肢体是那样软弱，那样无用，因此蟋蟀就没有拿它做任何派场，就像狗没有把爪子后面挂着的大趾拿来做派场似的。

为了求得对称，人们有时在住所窗户对面的墙上画上一些假窗户。因为这是视觉的要求，是美的至高无上的条件。同样，生命也有其对称，即对一般原型的复制。当它除去一个变得无用的器官时，通常会留下其痕迹，以保持基本的结构。

狗退化的大趾证明它的爪子有五个趾头，这是高等动物的特征。蟋蟀的翅膀残余表明它是能够经常飞行的昆虫。在卵壳门口褪下的包衣让人想起昆虫艰难地从地下钻出来时所必需的铠甲。这是对称的多余，是一部停用但没有废除的法律。

小蟋蟀脱掉外套，一身灰白，接近纯白，就要和压在身上的泥土搏斗。它用上颚拱松泥土，用脚把障碍扫开，踢到身后。现在它钻出了地面，沐浴着欢乐的阳光，但它是如此弱不禁风，不比跳蚤大，也就要经受生存竞争、弱肉强食的危险。在二十四小时之内，它的颜色变深了，成了只黑蟋蟀。那乌黑的颜色与成年蟋蟀不相上下。原来一身灰白，现在只剩一条白带围在胸前，让人想起幼儿学步用的布带。

小家伙非常警觉，用颤动的触须探测周围的情况。它跑呀，跳呀，以后发胖了，就跳不起来了。这时它的胃还十分娇嫩。该给它吃什么食物呢？我不知道。我把成虫吃的美味佳肴拿给它，把莴苣叶喂它，可是它不肯吃，或许是我看不出它在吃，因为它的嘴实在太小了。

短短几天，那十对蟋蟀的家庭就成了我沉重的负担。我拿那五六千只小蟋蟀怎么办呢？诚然，它们是可爱的小家伙，可是应该如何照顾它们，我却一无所知呀。唉，可爱的小家伙，我还是给你们自由吧！让大自然那至高无上的教师来教育你们吧！

我就这样做了。我把这些蟋蟀放到园里最好的地方，这里放几只，那儿放几只。来年，要是它们安然无恙，那我门前会响起多么动听的音乐呀！可是别想得太美了，我门前也许不会响起交响乐，而是一片沉寂。母蟋蟀生了众多子女，可是却也引来了残酷的大屠杀。只有几对蟋蟀能够幸存下来。我们所能指望的也就是这点。

这些小家伙就像是双球形的奶油蛋糕。灰色的小蜥蜴和蚂蚁最先也是最狂热地跑来掠夺这些天赐食物。我担心蚂蚁这个可恶的强盗会把园子里的蟋蟀掠食得荡然无存。它抓住那些可怜的小东西，咬破它们的肚皮，疯狂地把它们撕成碎片。

啊！蚂蚁这可恶的强盗！我们还说它是优秀昆虫呢！人们写书称颂它，对它赞不绝口：博物学家尊重它，使它名声日益隆盛。确实，动物界也和人类一样，有种种办法出人头地，其中最可靠的，就是害人。

对于食粪虫和埋葬虫这些可贵的清洁工，没有人去了解它们的情况，而吸人血的蚊子，身藏毒剑、暴躁好斗的黄蜂，为非作歹。在南方的村庄里使出蛀无花果的疯狂劲儿，拼命蛀空房屋椽子（架屋用的细木条。椽，chuán），使房子面临倒塌危险的蚂蚁，却是无人不知，无人不晓。在人类档案库，类似的例子比比皆是：助人者默默无闻，干坏事者却备受称颂。这点我就不必多说了。

蚂蚁和别的杀戮者大开杀戒，使得起初人丁兴旺、蟋蟀众多的花园，到后来竟变得一片萧瑟，我都没法把研究工作做下去了。我只好到外面去做观察。

八月，在落叶中，在尚未被炎热烤焦、依然绿草如茵的小块绿洲，我看见小蟋蟀已经长大成虫，像成虫一样黑黝黝的，早期的白带已经毫无痕迹。它还没有居所，有一片枯叶、一块石板就够了。对它这个不为宿处操心的流浪者来说，它们就是它的帐篷。

直到中秋时节，蟋蟀还在外面挺着，不去给自己造窝。这时黄翅泥蜂开始捕猎这些无家可归、易于捕获的猎物，把一筐筐蟋蟀贮藏在地下仓库。这些逃脱了蚂蚁屠杀的幸存者，却又遭了泥蜂的毒手。如果蟋蟀早几个星期建造固定住所，就可以保住小命，可惜受难的虫子想不到这一点。它们没有从千百年的惨痛经历中吸取教训。它们此时已经身强力壮，完全可以造一座保护自己的住所，可是它们死守陋习，仍然四处游荡，哪怕整个家族都被泥蜂螫死也在所不惜。

直到十月将尽，初寒将临时，蟋蟀才开始掘洞造窝。根据我对笼中昆虫的观察，做窝的工作十分简单。蟋蟀绝不在裸露的地方掘洞，而总是在吃剩的莴苣叶下面掘洞。莴苣叶就这样替代草丛，成了遮掩洞口的帘子。

蟋蟀这个矿工用前腿刨土，用钳子般的大颚拔出大一点的砾石。我看到它用带着两排锯齿的有劲的后腿蹬着，把刨出来的泥土蹬到后面，耙成一个斜面。这就是它给自己造窝的方法。

工作起初进展相当快。笼子里土质松软，不到两个钟头，蟋蟀就钻进土里不见了。隔一段时间，它会回到洞口，不过总是倒退着，把土扫出来。如果累了，它会在初具雏形的屋门口歇一歇，头在外，触须无力地颤动着，然后又进入洞里，钳石块，耙泥土。很快，它的休息时间延长了，害得我也放松了观察。

最紧迫的工作已经完成了。地洞有两寸深，眼下是够用了。其余的慢慢来做，见缝插针，有空就做，一天挖一点儿，随着天气变冷而不断挖深，随着身体长大而不断加宽。即使是在冬天，只要天气暖和，太阳照到洞口，就经常可以看见蟋蟀在往外运土，这说明它还在修整挖掘地洞。到了春暖花开的季节，它还在维护保养住所。它一生都在从事这项工作，直到死去。

四月底，蟋蟀们亮出嗓子唱歌了。起初还羞羞涩涩，仅是一只两只的独唱，不久大家就都唱起来，成了一片交响乐。草地上每一块土坷垃下面都有歌手。我总是情愿把蟋蟀看作春天合唱团的首席歌手。在我们的灌木丛中，当百里香和薰衣草鲜花盛开时，长着羽冠的云雀欢乐地冲上云天，放开嗓子，把美妙的歌声洒满田野。而蟋蟀则遥相应和。它的歌声虽然单调，缺乏技巧，然而其单纯质朴与春回大地、万物复苏的喜悦又是多么协调！这是自然苏醒的赞歌，是萌芽的种子、生发的草叶能够听懂的颂歌。在这种二重唱之中，应该把胜利的棕榈叶奖给谁？我认为要奖给蟋蟀们。因为它们歌手众多，歌声不断，压倒了对手。云雀不出声了，而长满薰衣草的蓝色田野，在阳光下摇弋着它那飘溢着樟脑味的香炉，接受着谦卑的蟋蟀那庄严的颂歌。

蟋蟀的歌

导读：人类拥有圆润的声音，鸟儿可以婉转啼鸣，深海里的鲸鱼也会发出声波传递信息，那么小小的蟋蟀靠什么歌唱，又为什么歌唱呢？简单的生理结构顽固地遵循着自然规律，孕育在地球上的生命，甚至比神秘的宇宙更值得去探寻。

为了科学研究，突然对蟋蟀说："把你的乐器拿出来给我们看看。"

和一切确有价值的东西一样，蟋蟀的乐器其实很简单。它和蚱蜢的乐器基于一样的原理：一条齿的弓，一块振动膜。

与我们看到的绿蚱蜢、蚱蜢及它们的近亲相反，蟋蟀的右鞘翅盖住了左鞘翅，几乎把它包得严严实实，只是一边身体上有突然冒出的几线皱襞。蟋蟀与上述昆虫不同的是，它惯于使弄右鞘，而那些虫子使弄的是左鞘。

蟋蟀的两个鞘翅结构几乎完全一样。了解了其中一个，也就知道了另一个。那么我们就来描写右鞘吧。它几乎平贴在背上，到了体侧突然折成直角斜插下去，翅端紧包着腹部，翅翼上现出平行的斜纹。背上有些乌黑的结实的肋条，看上去像是一幅复杂的怪异的图案，有点像阿拉伯文字。

鞘翅是透明的，稍稍带点儿红色。只有前后两个连接处颜色稍浓一点儿。前面一个大点，呈三角形；后面的小些，呈椭圆形。每一处都有一条粗粗的翅脉，并且现出细细的皱纹。前面那处并且有四五条加固用的人字纹，后面的则有一条弓形的拱纹。这两处地方便是发声部位。它们的皮膜确实比别处薄一些，透明一些，虽说颜色要比别处深些。

前面四分之一的部分光滑，微呈淡红色，由两条并行的弯曲脉线与后面隔开。两条脉线之间凹陷下去，里面并列着五六道小黑皱纹，就像是一架小梯子的梯级。左边的鞘翅与右边的完全一样。这些皱纹构成摩擦翅脉，它通过增加琴弓的摩擦点来使振动更为频繁。

在鞘翅反面，梯级凹陷两边的翅脉中，有一条变成了锯齿状的肋条，这就是琴弓。我数了一下，约有一百五十个尖齿或者三棱角，都是非常精确的几何学形状。

这确实是非常精巧的乐器，比蚱蜢的琴弓好多了。琴弓上一百五十个尖齿与另一个鞘翅上的梯级相咬合，就使四个发声器振动发音。下面两个发声器是通过直接摩擦，上面两个是借助摩擦工具的振动而发声。四个发声器，这是多么嘹亮的声音啊！蚱蜢只有一个小小的发声器，发出的声音只传得几步远；而蟋蟀有四个音箱，可以把歌声送到几百步远的地方。

论声音响亮，蟋蟀可与蝉儿一比高下，但是不像蝉儿的声音那样嘶哑、烦人。更妙的是，这个得天独厚的虫儿还善于抑扬顿挫。我们说过，两边鞘翅在贴着肋边的地方有一条宽宽的卷边，这就是制振器。卷边垂下来的程度决定声音的强度。这样一来，蟋蟀便通过调节卷边与柔软腹部的接触面积，时而低吟浅唱，时而放声高歌。

两个鞘翅完全一样，这点值得注意。我清楚地看出了上面的琴弓和下面被琴弓振动的四个发声器的作用。可是下面那个，即左边鞘翅的琴弓有什么用呢？它没和任何东西摩擦，这虽然和右边鞘翅的琴弓一样，也有尖齿，可是没有接触点。它完全是个废物，除非把它与右边的琴弓倒换位置，把原来在下面的换到上面来。

两把琴弓倒置以后，乐器完美的对称将会再现原来必不可少的机械动作，使蟋蟀能够用目前无用的尖齿摩擦出美妙的声音。它会像使用原来的琴弓一样使用新换上来的琴弓，它的声音还是那样美妙。

可是蟋蟀能不能做这种调换呢？它能不能轮流使用两把琴弓，让两把琴弓交替休息，好延长演奏时间呢？或者至少有没有老用左边琴弓的蟋蟀呢？

我根据蟋蟀鞘翅严格的对称性，指望会看到它轮流使用两把琴弓的情形。可是观察下来使我得出了相反的结论。如果有一只蟋蟀违反普遍规则，那我是绝不会觉得意外的。可是我观察了许多蟋蟀，发现它们无一例外，都是右边鞘翅盖住左边鞘翅。

我们试着插进来，用人为的方法做做自然条件不肯为我们做的事情。我用镊子尖小心翼翼地把蟋蟀的左鞘翅放到右鞘翅上面。只要手指灵活，不急不躁，做这件事是没有什么困难的。事情进行得很顺利：蟋蟀的肩膀没有脱臼，皮膜也没有弄皱。即使是蟋蟀自己来倒换，也不可能做得更好。

琴弓倒置以后，蟋蟀会唱歌吗？我差不多是希望它唱的，因为种种迹象都让我有这种希望。不久，我就发现自己错了。蟋蟀有一阵子是安静的，但不久它就觉得不舒服，于是又把琴弓换回原来的状态。我又试了一次，还是失败了，蟋蟀的固执战胜了我的执着，倒置的鞘翅总是回复原位。看来此路不通。

要是在鞘翅刚长出来时就把它们倒置，结果会不会好一些呢？眼下，这些蟋蟀长成成虫了，皮膜硬了，不容易改变位置。应该在一开始就调摆料子，等到褶子定型了再动手就难了。当器官初生、可塑性强的时候动手会有什么结果呢？事情值得一试。

于是我把注意力转向幼虫，密切注意它蜕皮的时刻，因为这可以说是它的第二次出生。这时它未来的翅膀和鞘翅像是四个薄片，其形状、大小都让人想起奥凡涅（法国中部地名）那地方做奶酪师傅的短上衣。多亏我的勤勉啊，我虽然错过了蟋蟀初生的时刻，却总算有运气赶上了它蜕皮的时刻。五月初，一天上午十一时左右，一只幼虫在我的眼皮下蜕去了难看的旧皮。换了衣装的蟋蟀浑身栗红色，只有翅膀的鞘翅是白嫩嫩的。

从皮套子里钻出来以后，翅膀和鞘翅都变小了，只剩下一点残桩子。翅膀仍然保持，或者基本保持这种退化状态。鞘翅则慢慢长大、展开、伸长；它们的内侧在同一个平面、同一个高度，以一种缓慢得难以觉察的运动相互靠拢。看不出哪个鞘翅会在上面，哪个会在下面。现在两个鞘翅就要碰上了，再过一会儿，右鞘翅就要盖上左鞘翅了。于是干预的时刻到了。

我用一根草茎轻轻地把左鞘翅的前端拨到右鞘翅上面。蟋蟀不愿被我这样摆弄，打乱我的安排。我执意要做，继续小心翼翼地搬动那两只鞘翅，生怕弄伤它们，因为它们太嫩了，就像是两张被水沾湿的纸片。我终于成功了。左鞘翅终于盖在右鞘翅上面往前伸展，虽然还只是伸展了一点点，一毫米。就让它伸展吧，它会照这样伸展下去的，用不着我来搬弄了。

两只鞘翅确实是如我所希望的那样伸展的。它们伸展着，左鞘翅终于完全盖住了右鞘翅。将近下午三点光景，蟋蟀由红变黑，但两只鞘翅仍是白的。又过了两个钟头，鞘翅换上了正常的颜色。

事情成了。鞘翅在人的拨弄下长成了，它们按我的意愿交叠在一起。它们长宽长厚了。可以说，它们是按照与原来相反的叠合次序生长的。现在，蟋蟀是左鞘翅在上了。这种状态它会保持下去吗？我觉得会的。第二天，第三天，我的希望更加增大，因为鞘翅仍是那样交叠着，没有丝毫变乱的迹象。我指望不久就可以听到它用左鞘翅的弓来拉琴，要知道它的家族成员从没有这样做过呀。我观察得更勤了。

第三天，新乐师初次登台献艺。我听到几声短促的吱嘎声，像是没有咬合好的机器发出的声音。经过重新调节齿轮以后，传出了清亮的乐声，和平常一样的节奏。

荒谬的实验者，捂住你的面孔吧！你也太相信那根草茎的魔力了！你以为创造了一个用新的方式操琴的演奏家，可是你的打算完全落空了，蟋蟀挫败了你的阴谋。它是用右鞘翅的弓来拉琴的，它一直用的是这边弓。它做出痛苦的努力，不顾似乎已经定型的状态，硬是把原该置于下面的鞘翅放回到下面。它的肩膀脱臼了，因为鞘翅已经长成了，皮肉已经硬了。你可怜的知识想创造出一个用左边弓操琴的蟋蟀，可是蟋蟀嘲弄了你的作为，还是用右边弓操琴。

富兰克林曾为左手做过一次热情洋溢的辩护。左手和它的姐妹右手一样，应该得到耐心学习技艺的机会。如果能够由同样灵巧的两只手来服侍，那是多大的好处啊！是啊，那是很大的好处，可是除了少有的几个例子，两只手能够做到一样有力、一样灵活吗？

现在蟋蟀回答我们说，这是做不到的。左边有一个先天的弱点，一种平衡的缺陷。习惯和教育在某种程序上能够弥补这个缺陷，可是不可能将它根本消除。蟋蟀从出生之日起就受到一种教育的陶冶、塑造，使它的体态定型了，它一想奏乐，就自然而然地把左鞘翅放回右鞘翅下面。至于造成左边这种先天弱点的原因，那就要从胚胎学中间来寻找答案。

我的失败表明，即使左边的鞘翅得到技术的帮助，它也没法使用它的琴弓。那么，它那精确性丝毫不亚于右边琴弓的尖齿，又有什么理由存在呢？对于这个问题，我们也许可以举出对称的理由，借用复制原型的理论，我在解释小蟋蟀出生时把包衣留在卵壳这种现象时，因为找不到更合适的，就权且搬用这种理论。不过我愿意承认，那只是一种似是而非的解释，是拿大话骗人的把戏。

确实，绿蚱蜢、蚱蜢和其他鸣虫也许会走到我们面前，亮出它们的鞘翅。它们有的只有一个琴弓，有的则只有一个发声器。它们会问我们："为什么我们的近亲蟋蟀会有对称的结构，而我们这些鸣虫却没有对称结构呢？"它们这个问题着实没法回答。我们还是承认自己无知，谦虚地说："我不知道。"只要拿一只蚊蝇的翅膀来，就可以剥下我们理论的华丽衣饰，扔到墙脚下。

关于乐器，说得已经够多了，现在我们来听听它的乐声吧。蟋蟀是在欢乐的阳光里，在家门口演奏的。它从不在洞里奏乐。两只鞘翅抬起，张开成两幅斜画，只有局部遮着，发出曜曜的颤音。声音饱满、响亮，富有节奏，绵绵不绝。整个春天，孤独的蟋蟀就这样自得其乐地拉琴奏乐，打发闲暇。这个离群索居的家伙首先是为自己歌唱。因为对生活有热情，它就歌唱沐浴它的太阳，歌唱养育它的草地，歌唱荫护它的平静的居所。生活幸福是驱使它抚琴欢歌的头一个原因。

孤独的蟋蟀也为邻居歌唱。如果我们能够排除被监禁的苦恼，紧紧抓住时节，那我敢说，蟋蟀的婚礼是最有趣的场面。纵使很难找到机会，我也没有打退堂鼓。眼下，我们还是满足于获悉可能会发生的情况，以及听听鸟笼里发生的事情吧。

雌雄蟋蟀是分开居住的。两个性别的虫子都死守家门，不相往来。那么该谁移步去拜访异性呢？是求偶者拜访被求的一方？还是被求的一方来与求偶的一方会合呢？如果说在交尾期，声音是相距遥远的住所之间唯一向导的话，那就理应是无声的一方前来与发声的一方会合。不过为了顾全礼仪，另外也与我从观察中所得出的情况相一致，我想象雄蟋蟀自有专门的办法去与不发声的雌蟋蟀会合。

雄蟋蟀与雌蟋蟀什么时候相会？又是怎样相会的呢？我推测它们是在暮色苍茫之中，在雌蟋蟀洞室门口那块空地，入口前面那个院子相会的。在夜里作这样一段二十来步远的旅行，对雄蟋蟀来说是一件大事。拜访雌蟋蟀完事以后，它这样一个深居简出、不大熟悉地形的虫子，又怎样找得到自己的居所呢？回到它的居所是不可能的，于是我担心它四处游荡，胡碰乱闯，流离失所。它没有时间也没有勇气来给自己掘一个新洞——它的救命之所，它就只好悲惨地冒着生命危险，成为癞蛤蟆巡夜时的美味佳肴。拜见雌蟋蟀害得它丢了房子，送了命。可是它尽了雄蟋蟀的义务，其余的又有什么要紧？

我就是这样观察事件，把田野里可能发生的情况与笼子里的真实情况结合起来看。我在一个笼子里养了几对蟋蟀。一般而言，雄蟋蟀不愿再给自己掘洞。怀抱长久希望，投入长久事业的时期已经过去。它们就在围起来的地盘上游荡，不再为一个固定住所操心。累了，它们就缩在莴苣叶下面睡一觉。

只要交尾期好斗的本能没有爆发，寝室里面大家就相安无事。当好几只雄蟋蟀都来追求一只雌蟋蟀时，打斗就不可避免，而且十分激烈，不过并不严重。两个情敌支起身子，扭抱成一团，互相咬对方的头颅。这是它们坚固的头盔，经得起对方钢钳的夹击。它们在地上打滚，又站起来，分开，败者尽快离开。胜者用一支辉煌的乐曲来羞辱对手。接着，它把调子压低一点儿，开始围着雌蟋蟀转起圈子来。

顺从的雄蟋蟀把自己打扮得漂漂亮亮。它用手指把一根触须塞进嘴里，把它卷曲起来，涂上口水这种发蜡。它焦急地顿着后腿，朝空中尥蹶子（骡马等动物用后腿向后踢，这里用来形容蟋蟀的动作。尥蹶，liàojuě）。它长长的后腿上装了马刺，镶着一条条红饰带。激动让它变得沉默。虽说它的鞘翅的急速颤动，却发不出嘹亮的歌声，只传出一种混乱的摩擦声。

雄蟋蟀是白做了这番爱情表示。雌蟋蟀跑到一片生菜叶子下面躲藏起来，不过它还是把帘子稍稍撩开一点，往外张望，希望被雄蟋蟀看见。

欲迎故拒，半推半就，这不过是一种调情、煽情的手法。两千年来，有多少作品做过描写，有多少诗人唱过赞歌？神圣的爱情游戏啊，到处都可见到你们，到处都一样！

琴声再度响起，不时地出现一段沉静，或者一段如泣如诉的歌声。雌蟋蟀经不住这般热烈的激情进攻，芳心大动，从藏身之处走了出来。雄蟋蟀迎着雌蟋蟀走过去，突然掉转身子，背对着它，伏在地上，一步一步往后退。它试了好几次，想钻到雌蟋蟀身子下面。奇特的倒行终于结束了。小家伙，慢一点儿！把身子再伏下一点儿，动作再小心一点儿，你终于钻到雌蟋蟀身子下面了。现在好了，两只蟋蟀滚在一起。来年，它们的子女就会出世，在草地上嬉戏。

紧随其后的便是产卵。雌雄两只蟋蟀同住在一块地盘，经常引起争吵、打斗。父亲总是挨打，成了残废；提琴也被打成了废物。在我的住所外面，是自由的田野，受迫害的雄蟋蟀可以向那里逃走。它似乎也这样做了，这样做并非毫无理由。

即使是在最温和的蟋蟀家庭里，母亲也对父亲怀有无情的仇恨。这个现象让我们思考。刚才还是雌蟋蟀的至亲至爱，一旦落到它的牙齿下面，就有什么东西要被吃掉；最后几次见面之后，雄蟋蟀的身体早已残缺不全，不是丢了几条腿，就是鞘翅被撕烂了。

蚱蜢与蟋蟀作为一个古老世界迟到的代表，它们告诉我们，在早期的生命机器上，雄性只是次要的齿轮，它应该在较短的时间里消失，腾出位置给真正的生殖者、真正的劳作者——母亲。

后来，更高级的类别中的雄性，有时甚至昆虫中的雄性也充当合作者的角色，但仅仅是到这个角色为止。家庭就是由此而形成的。但是蟋蟀还没有发展到这一步，因为它非常忠于古老的传统。因此，昨天还是渴望得到的对象，今天就变成了可恶的东西，要无情对待，要开它的膛、吃它的肉才痛快。

即使获得自由，逃脱了脾气暴躁的伴侣，完成了服务的雄蟋蟀也活不了几天了，很快就会被生活杀死。到了六月，我圈养的那些蟋蟀都死了，有的是寿终正寝，有的是暴死横尸。雌蟋蟀生活在刚孵出的子女当中，比雄蟋蟀长寿一点儿。但是，如果雄蟋蟀帮着雌蟋蟀照顾儿女，那就是另外一回事了：雄蟋蟀的寿命明显地要长得多。这是事实。

希腊人喜欢音乐，据说他们把蝉养在笼子里，以便听它们唱歌。我对这种说法一个字也不相信。首先，长期近距离听着尖厉的蝉鸣，对于多少有点儿娇嫩的耳朵，不啻一种酷刑。希腊人的听觉受过很好的训练，不可能放弃远处田野里昆虫的齐鸣，而喜欢听身边这种嘶哑的噪音。

其次，除非是把笼子置放在橄榄树、梧桐树上，否则绝不可能把蝉关在笼子里圈养，这样一来，在窗边置放蝉笼就不合适了。只要在一个不太宽敞的地方关上一天，性急的蝉就会躁死。

不是有人把蟋蟀与蝉混为一谈，就像也有人把它与蚱蜢混为一谈一样吗？算了吧，蟋蟀可是好养极了，我现在不就养着一只吗？深居简出的习惯使它天生就适合圈养。只要每天喂它生菜叶，就是把它圈养在一个不比拳头大的笼子里，它也能够快快活活地生活，并且不停地奏乐唱歌。雅典的孩子不是把它养在精美的小罐里，悬挂在窗洞里吗？

后来，普罗旺斯（法国南部的一个地区，与意大利接壤）甚至整个法国南部的孩子都继承了这一爱好。在城里，一只蟋蟀，对孩子而言，无异于一件珍宝。深受孩子们喜爱的昆虫通过琴声，向他们讲述乡间纯朴的快乐。蟋蟀若是死了，孩子一家人都会感到悲伤。

总之，这些隐士，这些过去被迫过独身生活的昆虫，现在成了子女众多的家长。当它们在野外草地上的伙伴死去很久以后，它们还精神抖擞地活着，要一直唱到九月。它们以成虫的面貌延长了寿命，多活了三个月。这可是一段不短的时间啊！

这种长寿的原因是显而易见的，因为生命没有受到什么损耗，而没有家室的蟋蟀却在快快活活地与邻居一起消耗蓄积的活力。由于它们燃烧着一种更为强烈的热情，它们也就更快地变得衰弱。而关在屋里的蟋蟀过着十分平静的日子，被剥夺了那种耗费精力的放荡生活，自然也就可以多活一些日子了。由于没有尽到它们蟋蟀的最后义务，它们就固执地要尽可能活到极限。

周围另外三种蟋蟀，我曾对它们做过短暂的观察，没有告诉我什么有趣的事情。它们居无定所，没有地洞，四处流浪，总是在一个个临时住所间搬来搬去，不是在干草丛中，就是在土坷垃缝里。它们的发声器与田野蟋蟀的发声器基本上一样，只是在细小的地方略有不同。两者的声音也十分相似，只是有的宽厚有的尖细。最小的家蟋蟀，即波尔多蟋蟀，就在我门口的黄杨木边框下面鸣叫，甚至大胆闯进我的厨房，躲在角落里发声。只是它的声音太细微，要凝神倾听才听得到，才知道它躲在哪个角落。

这里我们漏掉了家蟋蟀，它是我们乡间灶台和面包房的客人。虽说在我们村子里，壁炉板下面的缝隙里没有虫子发声，但是在夏夜，田野里一片虫鸣，那美妙的乐声，在北方是难以听到的。春天，艳阳普照的日子，田野蟋蟀就奏起了交响乐；夏天，寂静的夜晚，就轮到半透明蟋蟀或者意大利蟋蟀一显身手了。它们一个演日场，一个演夜场，一年中最美好的日子就由这种昆虫分享了。头一个的牧歌刚刚唱罢，第二个的夜曲就开始奏响。

意大利蟋蟀和同类的兄弟不一样，没有黑袍子，身子也不显得那么粗笨。相反，它体形纤细，身子瘦弱，全身苍白，近乎纯白，便于夜间活动。你把它拈在手上，生怕力用大了会把它捏死。它在各种灌木上、高高的野草上蹦来蹦去，很少下到地上。从七月到十月，平静而炎热的晚上，你可以听到它们的美妙的音乐会。一般是从太阳落山开始，持续大半夜。

这里的人都熟悉这种乐声，因为每一丛灌木野草里都有一支交响乐队。有时蟋蟀迷了路，或者收干草时连草一起被带进了仓房，它就在那里面奏乐。不过没有一个人知道这乐声是从什么虫子身上发出来的，因为白蟋蟀的习性不为人知。通常大家都错误地认为这乐声是普通蟋蟀发出来的。其实在这个季节，普通蟋蟀还很幼小，不能奏乐。

它发出"克依—依依依，克依—依依依"的声音，因为带有轻微的颤动，听起来也就更富表现力。听到这种声音，你会猜测它的振动膜一定格外大格外薄。蟋蟀隐身于枯叶下面，要是没有受到惊扰，它就一成不变地奏着乐；可是一有动静，声音就变小了，仿佛发声器被吞到肚子里去了。你刚才听到蟋蟀就在近旁，就在你跟前奏乐，可突然一下乐声小了，好像移到远处，是从那边二十多步远的地方传来的。

你走过去，什么也没有。声音仍是从最初的地方传来的，可是听着听着又不像了。这一次声音像是从左边传来的，又像是从右边、从后面传来的。你完全拿不定主意了，不知道凭听觉该往哪边走，才能找到蟋蟀发声的地点。你得很有耐心，小心翼翼，才能借着灯笼的光亮逮住那个奏乐的家伙。我在这样的情况下逮过几头蟋蟀，放在笼子里养着，因此才对把我们耳朵弄得那样窘迫的乐师有了几分了解。

左右鞘翅都覆有一层干燥透明的、像洋葱皮一样薄的宽膜，轻轻一动就整个儿振动起来，其形状就像是一个上部变细的圆环。圆环顺着一条粗粗的纵脉折叠成直角，蟋蟀处于休息状态时就垂下来，像是鞘翅的翻边，护着身体两侧。

右边鞘翅盖在左边鞘翅上面。鞘翅内面，靠近翅根的地方，有一块胼胝（piánzhī，手掌或脚掌上的茧子，这里指蟋蟀身上的硬肉）硬肉，从那里辐射出五条盘脉，两条向上，两条向下，还有一条横着走的，稍显红色，是主要的筋脉。接下来就是弓了。看到那些细小的锯齿，大家就知道它是干什么用的。鞘翅余下来的部分还有一些次要的筋脉，它们只是把振动膜撑开，并不属于摩擦器的组成部分。

左边或下面的鞘翅结构与右边鞘翅相同，不同的是，弓、胼胝和辐射状筋脉占据的是翅膜朝上的一面。此外我们还观察到，两支弓，即右边和左边弓是斜搭在一起的。

当蟋蟀奏出饱满的声音时，两个鞘翅都高举着，就像是一幅宽大的薄纱帆篷，仅仅是朝里的翅边搭在一起。这时两只弓啮合（像上下牙齿那样咬紧合在一起。啮，niè，鼠兔等动物用牙咬）在一起，彼此摩擦，从而使紧绷的薄膜振颤发声。声音随着左右琴弓在对面粗糙不平的鞘翅胼胝上，或者四条向上下辐射的光滑筋脉上摩擦的力度而改变。这样一来，蟋蟀担惊受怕、提心吊胆时声音变得忽强忽弱、时远时近的原因，就部分地得到了解释。

声音忽强忽弱、忽亮忽闪、时远时近，给人以幻觉，这其实就是腹语大师的主要技艺。不过，这种幻觉的产生还有别的原理，其实也并不难发现。声音强的时候，鞘翅是完全张开的；声音闷下去的时候，鞘翅或多或少收下去了一点儿。处于后一种姿势时，鞘翅的外沿程度不同地贴在蟋蟀的软腹上，这就缩小了皮膜的振动面积，声音也就变弱了。

我们敲一只玻璃杯，它发出清亮的声音，可是当我们把手指轻轻地放上去，声音就闷住了，变得闷哑、模糊，好像是从远处传来的。白蟋蟀掌握了这个声学诀窍，它把鞘翅振动膜的边沿贴住软软的肚皮，就把寻找它的人骗过去了。我们的乐器有止音器和弱音器；意大利蟋蟀的止音器和弱音器不但可与我们的乐器相媲美，而且更好，因为它结构简单，效果好。

田野蟋蟀及其同属也使用弱音器，它把鞘翅边在肚皮上移上或移下，声音就变大或者变小。不过使用这种办法，以假乱真的效果没有意大利蟋蟀那样好。

一听到我们的脚步声，蟋蟀还会花样翻新，使出种种让我们吃惊的小伎俩，不过这种忽远忽近的幻觉骗术，算得上这种种伎俩的根源。除此之外，我还要提一提它清纯的音质、柔和的颤动。八月的夜晚，在那万籁俱寂的沉静之中，我没有听到过比蟋蟀的声音还要美妙、还要清澈的虫鸣。不知有多少次，在温柔静谧的月光下，我躺在地上，紧靠着迷迭香支起的屏风，倾听蟋蟀们那美妙的乐声！

夜间活动的蟋蟀在园子里大量繁殖。每片开红花的岩蔷薇下面都有它的乐队成员，每丛薰衣草下面都有它的子女。野草莓丛和笃蓐香丛成了一支支乐队聚集的场所。这一群群蟋蟀，你占据一株小灌木，我也占据一株小灌木，亮起清脆的声音，你问我答，正忙着对歌呢。也许，更确切地说，它们可能对别人的忧伤歌曲并不感兴趣，只管为自己的快乐而引吭高歌呢。

上面，正对着我的头顶，银河里的天鹅座拉长了它的大十字架；下面，我的周围，此起彼伏的是一片虫鸣。正在歌唱自己的快乐的小虫子让我忘记了星空的灿烂景色。天上的眼睛在注视我们，像我们眨眼皮一样闪闪烁烁，那目光平静而冷漠，可我们对它们一无所知。

科学向我们讲述它们的距离、速度、质量和体积；科学用巨大的数字向我们压过来，以阔大无边、漫无止境震住我们，可是它却不能感动我们一丝一毫。这是为什么呢？因为科学缺乏那伟大的秘密，也就是生命的秘密。天上有什么？那些太阳在给什么加热？理性告诉我们，那些太阳在给一些与我们相同的世界，一些生命在其间不断演化的地球送去温暖。这是一种恢宏壮丽的世界观，但总的说来还是一种纯粹的观念，没有确凿无疑的事实作为基础，没有得到至高无上、人人都能理解的证据支持。可能、十分可能的事情并不等于明摆的事实。只有明摆的事实才能无法抗拒地叫人接受，才能不容置疑。

与此相反，我的蟋蟀啊，有你们相伴，我却感受到生命的颤动，而生命正是我们这些稀泥土坯的灵魂。正因为这个原故，我才靠着迷迭香篱笆，只是漫不经心地瞥一眼天鹅座，却把所有注意力都放在你们的小夜曲上。

一滴有生命力的、能够快乐和痛苦的黏液，其价值超过了无边的原始物质材料。

蝉的故事

蝉的故事

导读：蝉鸣是夏天的标志。在炎热的午后如果没有蝉声，夏天都好像失去了闷热烦躁的感觉。西方故事里，蝉代表着懒惰和无所事事，现实中的蝉是这样的吗？跟随法布尔的观察，让我们来寻找答案。

名声是靠传说传播的。动物与人一样，在一些没有根据的故事里总是充当主角。尤其是昆虫，它之所以特别吸引我们的注意，那是多亏民间传说的宣扬。而民间传说是不怎么看重事实的。

就拿蝉来说吧。蝉就是靠了拉封丹的寓言诗才出名的。世界上大多数人都没有听过蝉的歌声，但是人人却知道蝉，起码知道蝉的大名。在昆虫界，还有哪种昆虫像它那样著名呢？

拉封丹那首寓言诗说蝉整个夏天只唱歌，不工作，等到寒冷的冬天一来，没了吃的，这才跑到邻居蚂蚁家去借粮。蚂蚁不欢迎它，冷冷地说："天热时你唱得真起劲呀，我很高兴。现在你就去跳舞吧。"

就是这两句挖苦话让蝉出了大名。在孩子们年龄尚幼时，这些诗句就被拿来充作教材。它进入的既然是孩子们的心灵深处，也就不会再从那里面跑出来了。

蝉只在油橄榄树生长的地区栖居，过的是大多数人所不了解的生活，可是它在蚂蚁面前那副哀声乞讨的落魄样子，却是人人皆知！名声就是这样来的。有些传说故事，内容违背了自然史，也不合乎道德规范，但是通俗易懂；还有些寓言故事诗，短小易诵，可以念给小孩子听，因此它们就成了制造和传播名声的基础。这样制造和传播出来的名声，在后来的年代里搞乱了人们的思想，混淆了是非。

依靠别人的名声生活是可悲的，不要轻易相信名声，因为它可以成就你，也可以毁掉你。

儿童的记性很好。习惯和传统一旦存入他的记忆系统，就再也无法抹去。蝉的名声传得这样大，也是由于儿童。他还在牙牙学语，或结结巴巴背课文的时候，就听过、念过关于蝉的不幸经历的诗句。于是寓言里那些无稽之谈就通过儿童流传下来：尽管冬天没有蝉，但它还是成了在寒冬腊月断粮的昆虫；尽管它的吸管不能吸食麦粒，它还是要上门去向蚂蚁乞讨麦子，还向别人乞讨自己根本不能吃的苍蝇和蚯蚓。

这些荒唐谬误究竟是谁造成的？拉封丹的大部分寓言诗都因观察细致描写准确而引人入胜，但对蝉这个形象，他是不够审慎的。他的寓言故事中的许多形象，如狐狸、乌鸦、狼、山羊、猫、鼠、黄鼠狼，以及其他许多动物，他是了解的，它们的行为动作，他都描写得准确、细腻，十分传神。这是因为当地所有的动物，常在村庄附近出没，有些甚至与诗人朝夕相处，它们的一举一动都被他看在眼里，而蝉就不是这样了。蝉是外地的，他不但没有见过蝉的模样，也没有听过蝉的声音。在他看来，那大名鼎鼎的歌手不外乎蚱蜢一类东西。

寓言故事诗的插图作者是格朗维尔。他用圆熟老练的线条来与文字争夺读者，却不知道自己也出了同样的谬误。在插图上，他把蚂蚁画成勤劳的家庭主妇。它站在门口，身边摆着一袋袋麦子。蝉伸出爪子，哦，对不起，是手，来向蚂蚁乞讨。而蚂蚁却把头掉过去，不理睬它。蝉头戴十八世纪流行的宽边女帽，腋下挟着吉他，凛冽的寒风吹来，裙子贴到了小腿上。这不是蝉的形象，完全是蚱蜢的模样。格朗维尔和拉封丹一样，也没表现出蝉的真实模样。他只是再次重复了谬误。

另外，拉封丹在这个内容单薄的故事里，只是重复了另一个寓言家说过的话。关于蝉求粮不得的寓言，和蚂蚁的利己主义，和我们的文明世界一样久远。古代雅典的儿童就把这则寓言当作课文来背诵。他们提着装了油橄榄和无花果的篮子去上学，一路念着："冬天，蚂蚁把储存的粮食搬到太阳底下晒干。蝉忽然跑过来，要求借粮。吝啬的蚂蚁回答：'你既然在夏天唱歌，就在冬天跳舞好了。'"这个故事虽然简单了一点儿，却成了拉封丹那首诗的主题。

希腊是出产油橄榄和蝉的国家，因此这则寓言显然出自希腊。但是真如人们所想象的，它的作者是著名寓言家伊索吗？我有点儿怀疑。不过，我们也不必担心，因为讲故事的是希腊人，他们是了解蝉的，不会对蝉的故事胡编乱造。比如说，我们村里的农民虽然缺少见识，但我从不曾听见他们说过冬天有蝉这种荒谬话。冬天来临的时候，需要给油橄榄树培土，这时节翻地挖土的人，是看得到蝉的雏形的，因为他常常会挖出蝉的幼虫；而到了夏天，他又多次在小路边上看到蝉，看到蝉的幼虫从自己修挖的圆洞里爬出地面。后来他又看到，蝉的幼虫把自己挂在细小的树枝上，然后蜕皮，先是背上开条缝，把身子慢慢挣脱出来，最后那层比发硬的羊皮纸还干燥的外衣丢掉。他看到蜕皮的蝉先是草绿色的，一眨眼的工夫就变成了褐色。

古代雅典的农民不会是傻瓜，今日连最缺乏观察力的人也能注意到的情况，他们当时一定也观察到了；我那些乡邻今天所了解的事情，他们也一定了解。无论如何，这则寓言的作者是有条件了解这些情况的，真不知寓言中的谬误是怎样产生的。

其实古希腊的寓言家也是在传别人的话。他是在复述更古老的讲故事人的脚本，他的这篇东西是从文明古国印度的传说中搬过来的。本来印度人要告诫大家的是，生活如果没有预先的安排，会引来什么苦难。可是古希腊寓言家没有弄清印度人借虫子的遭遇所表达的主题，以为他们是据实描写。他们就不想想，印度人视昆虫为朋友，怎么会出现这种谬误呢？

种种情况表明，当初印度人写的很可能不是蝉，而是另一种动物，姑且就算是一种昆虫吧，那昆虫的习性正好符合这则寓言的需要。在许多世纪中，这则古老的寓言让印度河两岸的圣贤不断思索，让那里的孩童不断得到教诲。这则故事非常久远，可能与某位族长头一次做出厉行节约的规定同时。经过一代代人口口相传，故事就不断地改变模样。等到传进希腊的时候，已经是面目全非了。其实一切传说都是这样，在代代相传的过程中，故事情节里融进了不同时代、不同地域的环境特征。

印度人在传说里讲述的那种昆虫，在古希腊人那里是见不到的，于是古希腊的寓言家就把印度人熟悉的主角抽掉，换上在古希腊可以见到的虫子，然而他对这种虫子又说不清楚，结果就出现了在号称"现代雅典"的巴黎所发生的情况，蝉被描绘成了蚱蜢的模样。到这时谬误已经形成，蚱蜢的形象已经固定在儿童心中，再也无法抹去。谬误遮盖了真相，真相反而让人觉得不顺眼。

这样看来，古希腊寓言家就比拉封丹更不可原谅。因为蝉的两个铃子就在他耳边响着，他却不做实地调查，只是凭空把蝉编进寓言，造成重大谬误，并引起后世的讹传。现在，我们来给遭受寓言丑化的歌唱家翻案吧。是啊，我毫不犹豫地承认，蝉确实是让人烦躁的邻居。每年夏天，它们成群结队地来到我家门前栖息，数量有上百只之多。它们是被两株高大而繁茂的悬铃树吸引来的。每天从日出到日落，蝉群都在那两株树上齐鸣，那种噪音，像锤子一样不停地敲着我的脑子。在这样一种嘈杂的喧闹里是无法思考问题的。人被吵得晕头转向，云里雾里，根本没法定下神来。我要不是起得早，工作了几个小时，整天光阴就会白白流失。

蝉啊，据说雅典人把你们养在笼子里，好随时欣赏你们的鸣唱。唉，可是你们这些得意忘形的虫子，却成了我住所外面的祸害，整天吵死人。我吃过饭，正想趁你们中间一只停止独唱的工夫打盹儿，谁知你们那一大群却合唱起来，搅得我无法入睡；我要想思考什么事情，那简直是异想天开，根本没法集中心思，那一阵高过一阵的声浪吵得我头昏脑涨，如受针扎！蝉啊，你们找到借口，认为这块地盘是你们先占下的，所以有优先权。据你们说，我搬来之前，两株大树是属于你们的。这样说来，我倒成了这片树荫的闯入者。好吧，就算你们说得有理。不过，且听我一句忠告吧：无论如何，得给你们的铃子装上弱音器，把震颤控制住，这样，人们对你们的看法会好一些。

寓言家讲的那些事情，与事实真相格格不入，只能是一种无稽之谈。有时候，蝉和蚂蚁是有点儿关系，但并不能确定；唯一可以确定的，就是它们的关系与寓言里说的恰恰相反，并不是蝉来向蚂蚁乞讨。它活在世上，从来不需要别人的援助，而是蚂蚁主动与蝉来联系，这个贪得无厌的家伙，要在自己粮仓里囤积一切可吃的东西。蝉在任何时候都不会上蚂蚁家乞讨，也不会保证连本带利一块儿奉还。相反，正是唯恐囤积得还不够的蚂蚁向蝉求乞。请注意，我说的是求乞！至于还本付利，掠夺者是绝不会有这个习惯的。它巧取豪夺蝉的劳动成果，甚至无耻地把蝉洗劫一空。我们来讲讲蚂蚁的掠夺行径，这是个历史疑难问题，至今尚未查清。

七月的下午，天气酷热难当。干渴难忍的昆虫们，一个个都失去了平时的精神。它们在蔫不拉叽的花冠上焦急地走来走去，想找到解渴的办法，可是白费气力。可是蝉却不慌不忙，对这普遍的水荒它付诸一笑。只见它把自己的喙——那个微型钻机对准树皮，在那取之不尽、用之不竭的酒窖上找个地方钻下去，钻透坚硬的表皮。里面的汁液早被太阳晒热、发胀，已把树皮胀得鼓鼓的，蝉只把吸管插进去，就痛痛快快地饮起来。此时的蝉一动不动地趴在小灌木的细枝上，全神贯注地品吸着那甜美的汁液，唱着它愉快的歌儿。

我们且守在这儿，看一看，说不定会看到什么意外的事儿呢。果然，一大批渴得嗓子冒烟的家伙赶来了，它们不怀好意地在周围转着，终于发现了那眼井，因为井沿上渗出来的汁液把井口暴露了。于是它们一窝蜂拥向井口，把那里团团围住。这群打劫者中间有胡蜂、苍蝇、泥蜂、蛛蜂、花金龟。蚂蚁当然也在其中。

强盗里面，个子小的，就钻到蝉的肚子下面，蝉也好意地撑起身子，让它们爬到井口；那些个子大的，一时进不去，就急得直跺脚。刚开始时，它们还顾着体面，挤进去吸上一口就退出来，在旁边的叶子上转两圈，再进去吸一口，到后来就顾不得那么多了，开始打骂闹事，一心要把挖井人赶走。

这群强盗中闹得最凶的，要数蚂蚁。我看到有的蚂蚁在咬蝉的爪子，有的则拉扯蝉的翅膀，还有的爬到蝉背上，直拽蝉的触须。有一只蚂蚁更大胆，就在我眼皮下，使劲抓住蝉的吸管往外拔。

蝉这只巨虫受不了这群小东西的纠缠，只好弃井而去，不过走之前往这帮打劫的家伙身上撒了一泡尿。可是蚂蚁毫不理会这位受侵犯的主人的抗议，它已经得逞，成了泉源的主人。虽说那泉源很快就会干涸，因为抽水机已经停止运转了，可是有什么关系呢？它反正已经吸饱了，足以坚持到下一个机会来临了。机会一到，它又如法炮制，吸取下一口井的甘泉。

这一来，我们就看到，事实真相把寓言无端想象的关系颠倒了过来。蚂蚁才是吃白食的家伙，是毫不客气霸占他人劳动成果的剥削者；蝉却是自食其力，并乐于与受苦者分享劳动成果的工匠。还有一件事更能说明蝉和蚂蚁两者之间的关系完全被寓言颠倒了。蝉这个歌唱家尽情欢乐了五个星期，这段时间已经不算短了。然后，它的生命走到了尽头，从树上跌落下来，尸体被太阳晒干，被行人踩烂。时时刻刻都在寻找不义之财的蚂蚁遇到蝉的尸体，简直是找到了一个丰盛的食品站。它们把它肢解、锯碎，一点儿一点儿搬回家，以补充自己的食品储存。我们也常常看见有的蝉还没有死，翅膀还在尘土里颤动，一队蚂蚁就已经在一下一下地拉扯，一点儿一点儿地移动它了。看到这种行为，蝉和蚂蚁之间的关系，我们就很清楚了。

　　古代的文人墨客对蝉的评价很高。歌颂蝉的功德，评价是那样高，用词是那样热烈，真是少有。他称颂蝉说："你简直就是一个神。"但是他做这样的称颂，却缺乏扎实的理由。他之所以对蝉推崇备至，是因为蝉具有如下三个特点：一是从地下出生的，二是不知疼痛，三是有肉无血。唉，我们就不要指责诗人了。出现这种错误与当时的普通认识有关，而且这种错误后来还存在了很长时间，直到人们睁开了观察的眼睛才发现。再说，诗更注意的是如何合辙押韵，一般不会特别注意这种认识问题。

　　就是在今天，普罗旺斯的诗人们也和当年的阿那克列翁一样粗心。他们虽然与蝉朝夕相处，却从不曾仔细观察过这种昆虫。他们只是把蝉作为本地的某种象征来加以赞美，却从没想到要了解一下蝉的生活。不过我一个朋友却不应该受这样的批评。他是注重实际的人，喜欢观察。他允许我从他的文件夹里抽出一篇用普罗旺斯方言写的诗，与本文一起发表，他在诗中以严谨的科学态度，揭示了蝉和蚂蚁的关系。我认为诗的意象是他创造的，道德寓意是他发掘的，我这个博物学的园子里是长不出这样美丽的花朵的；但我要指出的是，他的描述非常真实，我每年夏天在园中丁香树上观察到的正是这样的情形。我把译文附在下面，有许多地方只能译出大致的意思，因为在法语中并不总能找到与普罗旺斯方言对应的词句。下面是他的诗。

蝉和蚂蚁

导读：炎热的夏天，蝉从树枝上刺出"清泉"，蚂蚁们却来"占井为王"；蝉根本没有向蚂蚁乞食，却背负了多年的骂名。好在经过实际的观察，真相得以揭示。这就是法布尔要告诉给我们的答案。

一

天主送来了滚滚热浪！

这可乐坏了蝉儿，

要尽情享受美好时光。

这正是收获的季节，

庄稼汉弯腰劳作，

干渴得无心歌唱。

蝉儿呀，快发挥你的特长，

把那铃铛儿摇响，

再抖起身子，让两片镜子闪光。

割麦人挥着镰刀，

翻搅着金黄的麦浪，
发出"嚓嚓"的声响。

他腰上挂着小铁罐，
草塞下清水晃荡。
磨刀石躲在木套里，
不断往身上浇水冲凉。
割麦人热得喘不过气，
就好像坐在蒸锅上。

蝉儿啊，你却不慌不忙，
因为有足够的水源保障：
你把尖钻扎进树皮，
一眼水井立刻清波荡漾。
你把吸管插入井口，
痛痛快快地大吸一场。

可是，事情不会这样顺畅！
周围有的是盗贼强梁。
他们也想舀上一瓢，
把你的劳动成果分享。
当心啊，可爱的蝉儿，
它们转眼就会露出凶相。

你的残汤剩水，
没法满足它们的欲望。
它们想霸占水井，
用爪子抓你的翅膀；
还在你背上乱爬，
把你的脚杆儿摇晃。

你经不起它们纠缠，
忍不住火冒三丈，
朝它们撒泡大尿，
离开了那个地方。
那帮家伙占了水井，
舔着嘴巴，满心欢畅。

那帮家伙白吃白喝，
总是使出豪夺伎俩。
苍蝇胡蜂耐不住干渴，
迫不得已才来行抢；
蚂蚁却是心怀鬼胎，
干起坏事儿本领最强。

它们踩你的脚，挠你的脸，
趴在你肚皮下要名堂，
把你的脚杆当楼梯，

摇摇晃晃踩你的翅膀。

它们一门坏心思：

把你挤走，占井为王。

二

从前有人胡编乱造，

说一个寒冷的冬天，

你断了粮，饿着肚子，

走到邻居蚂蚁门前，

想向它讨一点麦面。

蚂蚁家粮食尚未入库，

有的摊晒在太阳下面，

有的正装进口袋，

因为昨夜下了露水，

潮气侵入粮库里面。

你对蚂蚁说："冷啊，

这寒风刺骨的冬天。

把你这山一样的粮食，

行行好，借我一点点。

天暖后还你，决不食言。"

蝉儿呀，快点走吧，

别以为蚂蚁会听见。

"滚远点儿，你这个懒鬼，

就该你尝尝饥饿的滋味，

谁叫你夏天唱歌，骨头发贱！"

这段荒诞无稽的故事

就是古代的寓言，

它教人一毛不拔、见死不救，

还说那些懒家伙，

就该饿个肚皮朝天！

寓言家胡说八道，

让我满肚子意见：

其实你有甜水井就够了，

他却硬说你为了麦子，

四处求乞，东跑西颠。

冬天有什么难过，

你的子嗣在地下冬眠。

你自己也一睡不醒，

尸体掉下树来，

成了美味，让蚂蚁垂涎。

它们成群结队地扑过来，

团团围在你遗体四边，

掏你的胸膛，切你的肢，

把你的肉腌在地洞里，

当作雪天的佳肴盛宴。

三

上面说的是事实真相，

与寓言叙述的完全相反。

你们这帮无耻家伙，

贪财渔利，毫无心肝，

只要有银子可得，

就不怕把世人欺瞒。

你们制造流言，恶语伤人，

说艺术家从来就是死懒；

还说唱歌的就该吃点苦头。

住嘴吧，你们这帮坏蛋！

蝉生前你们占它的水井，

蝉死后你们吃它的躯干。

　　我的朋友用很有表现力的普罗旺斯方言说明了事实真相，为千
百年来遭受寓言家诋毁的蝉恢复了名誉。

蝉的产卵和孵化

导读：在我们看来，蝉的生命很短，只不过是一个夏天而已。其实，蝉的生命从树上到泥土里，再回到树上需要几年时光。我们看到的飞蝉，只是它生命的最后阶段。生命的演变过程，我们又知道多少？

蝉一般在树枝上产卵。不管什么植物，只要是像草杆那么粗细，含有饱满汁液的树枝就行。不过，最好长一点儿，稍稍上翘，表皮光滑匀净，好承受所有的卵。

蝉自上而下，把尖利的短针扎进树枝，扎出一串小孔，把皮下的纤维挑出来。如果树枝长度适宜，粗细适中，并且光滑匀净，这些孔的距离就差不多相等，不会太偏离直线。小孔的数目通常有三四十个左右。雌蝉产卵的时候，把长约一厘米的排卵管整个儿插进小孔，仰头趴在树枝上，轻轻地扭动身体，不停地鼓腹和收腹。这就是它产卵的过程。从扎孔到排完卵大约十分钟，然后蝉缓缓走开，纤维膨松开来，接合在一起，又把小孔封上了。雌蝉往上爬几厘米，又开始扎孔、排卵。卵一个个排列在孔内，每孔有六到十五个，平均十个。这样算来，一只母蝉产卵的总数大约在三四百个。

母蝉产这么多卵，主要是为了防止种族灭绝的危险。它倒不是怕被雀鸟吃掉，因为成年蝉看得远，起飞迅猛，又飞得快，可以避开雀鸟的攻击；另外它在树枝高处栖息，也不怕草地上的土匪，当它遭受攻击时，会向攻击者射尿反击，然后从容撤离。因此，它不是因为雀鸟，而是因为别的天敌才产那么多卵。那天敌对它的产卵和卵的孵化都构成了致命的威胁。那是一种极小的小蜂科幼虫，我不知道它的名字，它有四五毫米长，体黑，有触须，腹部中央有尖尖的排卵管，伸出来与身体形成直角，专门在蝉卵里寄生自己的卵。

　　与这个小虫子相比，蝉是庞然大物，只要伸爪子一按，就能把它压扁。可是这个小虫子毫无惧色，照样袭击蝉的后代。我曾见到它的三四只幼虫跟在雌蝉后面，等待有利时机。当雌蝉在树枝洞里产了卵，爬到高处继续扎洞产卵时，它就钻进雌蝉离开的地方，在蝉卵上扎洞，把自己的卵排进去。它几乎是在蝉的爪子下做这件事的，但它就跟在家里一样从容不迫。雌蝉排完卵飞走后，大部分卵洞都有了异类的卵。不久，这些卵就长成幼虫，吸取蝉卵的营养而长大。

　　可怜的雌蝉呀，千百年的教训，你不吸取。你有一双锐利的眼睛，当那些可怕的家伙在你身边准备干坏事时，你一定能看见它们。你知道它们跟在后面，可你却满不在乎，听任敌人肆意残害你的后代。宽厚的大家伙呀，转过身子，把那些小矮子踩死吧。可是你从不这样做，你甚至不能改变本能，来使自己免受丧子之痛。

　　蝉卵是长条形的，呈牙白色，有光泽，两头有蒂（dì，瓜果的把儿，这里指蝉卵两头的东西像瓜果的把儿一样），两毫米长，半毫米宽，成串排列，有时略有重叠。九月底，蝉卵变成褐色。十月初，前端出现两颗深褐色的眼睛，差不多就能够看到东西了。幼虫的体形呈锥形，前尖后圆，像小小的无鳍鱼。两只前肢连在一起，直直地贴着身体，像是鱼鳍（鱼的结构一部分，鱼翅、鱼尾都是鳍。鳍 qí）。幼虫就靠活动前肢来钻出卵壳，爬出纤维质的小孔。孔道十分狭窄，只能让一只幼虫爬出。由于有时蝉卵不是首尾相接，而是略微重叠，后面的幼虫必须穿过前面的卵壳，这就使得爬出孔道这一过程十分艰难。而且一路上碍事的触须、伸长的前肢，以及腹下的尖刺都会扯扯绊绊，延长了幼虫钻出孔道的时间。由于一个孔洞的卵几乎是同时孵化的，这就要求前面的尽快离开，好给后面的让开通道。

　　幼虫爬出孔洞至少要半个小时。一来到外面，它立即从头到尾缓缓地蜕皮，只留尾部一点儿连在身上。皮筒挂在树上，像安全带似的吊着幼虫。在下地之前，它就在这里晒晒太阳，伸伸腿脚，试试力气。它现在自由了，可以摇动相当长的触须，伸缩挣脱了包袱的肢体，张合较为粗壮的前爪。微风吹得它在空中摆荡，它准备一个跟头翻到地上。有的幼虫半小时就落了地，有的却要几个钟头，还有的甚至要等到第二天。我没有见过比这些小体操运动员更精彩的表演了。

　　幼虫终于落地了。这弱小的虫子只有跳蚤大，却要进入严酷的生活了。我预料它会遇到千难万险，不是被风吹到坚硬的岩石上，就是被扫进马车碾出的水洼，或是被刮到不毛的沙漠或者死板的黏土。它需要一块松软的泥地，以便钻进去，藏在土中。天气渐渐冷起来，要打霜了，在地面上游荡会被冻死。

幼虫找到合适的地方后，就用前肢刨洞。我依靠放大镜，看见它使劲刨着，把土刨到地面上。几分钟以后，一个地洞粗具雏形，它就钻下去，遁入土中不见了。

幼虫在土中的生活我们没法观察到。我们对发育较为成熟的幼虫的生活情况也不太了解，不过我们知道它在地下要生活四年。它在地面上的寿命则比较容易估算出来。一般而言，蝉是在将近夏至时开始歌唱，到九月中旬音乐会结束，由此可算出蝉在阳光下唱歌的时间一共五周。

在暗无天日的地下生活四年，在阳光下狂欢一个月，这就是蝉的寿命。我们不要责怪成年的蝉太吵，因为它穿着邋遢（lā·ta，不整洁，不利落）的外套，在黑暗中生活了四年，一朝换上漂亮衣衫，长出可与飞鸟媲美的翅膀，又沐浴着温暖的阳光，你叫它怎么不如痴如醉，不停地欢唱呢？要知道为了庆祝这来之不易而又短暂的幸福时光，它歌唱得再热烈也难以表达欢乐的心情呀！

幼虫在地下生活了四年之后，在它藏身的地方，地面上开始出现一些指头粗细的圆洞。幼虫就从这里爬出来，蜕变成蝉。

圆洞直径约两点五厘米，深约四厘米，一般是垂直的，土质不好的地方略显弯曲。底部是一个宽敞一点的空间，四壁光光的，这就是幼虫活动的地方。

从地洞的长度和直径来计算，刨下的土不下五十立方厘米。但是这些土运到哪儿去了呢？这真是一个谜。还有，幼虫是在干燥的泥土中挖洞，洞顶应该有泥土塌落，再说幼虫爬上爬下，总会将泥土刮下，堵塞洞子。可是我惊奇地发现，幼虫聪明地解决了这个难题：它在洞壁上糊上一层稀泥，把土粘住了。

幼虫把这个地洞当成长期宿舍和气象观测所，因为它必须等到天气好的日子才能钻出地面，来到太阳下蜕变成蝉。它一般要用几个星期，甚至几个月时间来刨土清道，修理洞壁。它在洞口盖一层薄土，隔绝与外边的联系。它在洞底修了休息室、起居室。它感到天气好的时候，就爬到上面，通过洞口那层薄土，了解外面的温度和湿度。如果天气不好，刮风下雨，纤弱的幼虫是不能蜕皮成蝉的，那它就回到洞底，如果情况相反，那它就钻出地面。因为不断地爬上爬下，所以它要用稀泥糊住洞壁，免得把土刮下，堵塞通道。

可是刨洞刨出来的土到哪儿去了呢？原来幼虫成蝉以前，身上充满液体，胖大透明，就像得了水肿病。它在挖洞的时候，一边往后刨土，一边就在尾部排出一种清澈的液体——我们姑且称之为尿吧——一边践踏，把干土搅拌成稀泥，粘在洞壁上，再通过身子的挤压，把稀泥挤进泥土缝隙。这样一来，洞壁压紧了，一条光滑的通道也修成了。因此，幼虫钻出地面的时候，身上总是沾着泥土，一般前肢沾着干泥，后肢带着湿土。

幼虫钻出地面以后，总要在附近寻找一个暂栖之所，通常是一棵小树，一丛野草，或者稻秆麦秸，爬上去，用前肢紧紧抱住，仰着头，附在上面休息一会儿，然后开始蜕皮。先是背上的中线裂开，露出淡绿的蝉体，慢慢扩大。紧跟着前胸皮也开始分裂，裂缝由上直达后背，从翻卷的外皮下露出红色的眼睛。绿色的蝉体开始鼓胀，在胸腹外形成两个鼓泡，后来变硬成为护胸甲。头顶先从皮套里钻出来，接着是喙和前肢，再后是后肢和蝉翼。这个过程只用了十分钟。

接下来，蝉要做两次翻跟头的体操动作。这时它的前部已经完全蜕出来，只有尾部还粘连着钩住树枝草杆的旧皮。靠着这个着力点，蝉儿由上而下翻了个身。这时它的颜色变得稍暗，绿中带黄，原来皱巴巴的翅翼也伸直打开了。然后蝉儿腰部运力，又把身子翻出来，恢复头部朝上的姿态，前肢蹬着旧皮壳，把尾部用力扯出来。这个过程用去半小时。

从皮套里完全蜕出的蝉两翼透明，湿漉漉的，翅脉呈嫩绿色，前胸略显褐色，其他部分由白到绿，有不同色调。它还很娇弱，需要休息，也需要阳光和空气来强壮身体，改变颜色。头两个小时它的身体没有明显变化。它用前肢悬吊在旧皮套上，稍有微风吹过，便在空中摆荡起来。最后，它的颜色变深变暗，越来越浓重，终于变了颜色。这一过程用了半个小时。我看到蝉儿上午九时就挂在树枝上，到十二时半才飞走。而那只旧皮套还在树枝上挂着，挂了好几个月，甚至冬天都没掉落。

松毛虫的故事

松毛虫的故事

导读：毛毛虫们都有自己的故事和世界。松毛虫选择了集体生活，它们一起筑窝居住，一起排队去吃松针。这个集体世界让弱小的松毛虫抱团存活，也让它们变得愚蠢固执。跟随法布尔，让我们来看看松毛虫的真实生活吧。

我家园子里种着几棵松树。每年松毛虫都会盘踞在松树上，几乎把松树针叶都吃光。为了保护松树，每年冬天我不得不用长叉子把虫窠捣毁。

贪吃的松毛虫呀，不要怪我不客气，是因为你太放肆了。我不赶走你，你就要扰乱我的生活，害得我听不到松树在风中低吟了。不过我突然对你来了兴趣，所以，我们来订个契约，你花上一两年，或者更多的时间，把你的一生经历告诉我，直到我知道你的全部故事为止。而我在此期间绝不打扰你，任凭你占树为王。

不久，在离大门不远的松树上，有了三十多条松毛虫的窠。我每天看着松毛虫爬来爬去，更急于了解它们的事情。这种松毛虫也叫作"结队毛虫"，因为它们总是排着队，一条跟着一条出去吃食。

下面讲松毛虫的故事。

先讲松毛虫的卵。八月头半个月，如果观察松树枝端，一定可以看到深绿色的松针中，到处点缀着白色的小圆柱。每个小圆柱就是一个松毛虫母亲生产的一串卵。它像小电筒，大的约有一英寸长，五分之一或六分之一英寸宽，插在一丛丛松针根部。小圆柱看上去像丝织品，白里透红，上面起着一层层鳞片似的东西。

这些鳞片像天鹅绒一样软，细细密密地像瓦片一样盖在圆柱上，做成屋顶，保护圆柱里的卵，没有一滴露水能渗进去。这种柔软的绒毛是哪里来的呢？是松毛虫母亲一根根铺上去的。它为孩子牺牲了自己身上的一部分毛，用自己的毛给卵做了一件温暖的外套。

如果用钳子把鳞片似的绒毛刮掉，就可以看到下面白色珐琅（fàláng，指用矿物原料烧制成的有光泽的物质，多用作装饰品）质小珠似的卵了。每根圆柱里大约有三百颗卵，属于同一个母亲。真是个大家族！它们排列得很好看，好像高粱穗子。不论什么人，不论他是年老还是年轻，有文化还是没有文化，看到这美丽的穗子，都会赞道："真好看！"

可是我们最感兴趣的，不是那美丽的珐琅质小珠，而是那规则的几何图形。一只小蛾子懂得高深的几何知识，难道不是令人惊讶的事情？但是我们与大自然接触得越多，便越会认为大自然里的一切都是有一定规律的。

比如，为什么花瓣的曲线有一定的规则？为什么甲虫翅鞘上有那么精美的花纹？

从庞然大物到微小生命，一切都安排得这样完美，难道是偶然的吗？这似乎说不过去。那么是谁在主宰这个世界呢？我想一定有一位"美"的主宰在安排这个纷繁的世界。只能作这样的解释。

松毛虫蛾子的卵在九月孵化。那时，你把小圆柱的鳞片轻轻揭开，就可以看到里面许多黑色的小头。它们顶开圆柱盖子，慢慢爬出来。它们的身体是淡黄色的，黑脑袋约比身体大两倍。它们出来后的第一件事就是吃卵周围那些针叶。把那些针叶啃完后，它们就爬到附近别的针叶上。常常有三四条小虫爬到一起，它们就自然组成一个小队。这是未来的松毛虫大队的基础。如果你逗它们玩，它们会摇头探身，高兴地和你打招呼。

第二件事是在圆柱附近织一个帐篷。这其实是一个用丝缠绕成的小球，安放在几根针叶中间。每天最热的时分，它们躲在帐篷里休息，到下午凉快的时候才出来吃食。

瞧，松毛虫孵化出来还不到一个小时，却已经会做许多事了：吃针叶、排队、织帐篷，仿佛天生就会这些活儿似的。

二十四小时后，帐篷像一颗榛子那么大；两星期后，就有一个苹果大了。不过这只是临时避暑用的帐篷。冬天快到的时候，幼虫要织一个更大更结实的帐篷。它们边织边吃着帐篷里的针叶。也就是说，帐篷同时解决了它们的吃住问题。这的确是个一举两得的好办法，这样它们就不必到帐篷外去觅食。它们还很小，贸然跑出去，容易碰到危险。

幼虫把支撑帐篷的松针吃完后，帐篷就要塌了。于是它们会搬到一个新地方。在松树高处，它们又织起一个新帐篷。它们就这样不断搬迁，有时候竟搬到松树顶端。

这期间，幼虫改换了服装。背上出现了六个红色的小圆斑，圆斑周围立着红色和绯红色的刚毛，红斑中间又有金色小斑，身体两侧和腹部长着白毛。

到了十一月，它们开始在松树高处、树枝端头织起冬季住的帐篷来。它们用丝网把附近的松针都网起来，松针和丝合成的建筑材料能使帐篷更加坚固。完全竣工的帐篷，有一只口杯大小，形状像一枚蛋。中央是一根粗粗的乳白色丝带，其间夹杂着绿色的松针。顶上有许多圆孔，是帐篷门，松毛虫就从这里进出。在帐篷外耸立的松针顶端有一个丝网，下面是一个阳台。

　　松毛虫经常聚在阳台上晒太阳，它们挤成一堆。上面张挂的丝网可以减弱阳光的强度，使它们不至于晒得过热。

　　松毛虫的窠并不整洁，里面满是杂物碎屑、蜕下来的老皮，以及其他垃圾。

　　松毛虫夜晚待在窠里，上午十点左右出来，到阳台上集合，大家挤在一起，晒晒太阳，打打瞌睡，就这样消磨一天。它们会不时地摇头摆脑表示快乐和舒适。到傍晚六七点钟光景，它们都醒了，就各自回家。

　　它们一面走一面吐丝，还把一些松针掺杂进去。所以它们的窠总是越来越大，越来越牢固。它们每晚要花上两个钟头来做这件事。它们早就忘记夏天了，只知道冬天快要来了，所以每条松毛虫都加紧工作。它们似乎在说："等松树枝桠在寒风里冻得簌簌发抖的时候，我们却相拥着睡在这温暖的窠里，这是多大的幸福啊！让我们满怀希望，为将来的幸福努力工作吧！"

　　是啊，亲爱的松毛虫，我们人类和你们一样，是为了将来的安宁舒适而工作。你们是为冬眠，它能使你们从幼虫变为蛾；我们是为安息，它让旧的生命消失，又创造出新的生命。让我们一起努力工作吧！

做完一天工作，就是松毛虫用餐的时间了。它们从窠里爬出来，爬到下面的松针上去用餐。它们都穿着红外衣，一堆堆挤在绿色的松针上，枝叶都被它们稍稍压弯了。这是多么动人的景象啊！这些食客们静静地啃着松针，宽大的黑头在提灯照耀下闪闪发光。它们要吃到深夜才罢休，回窠后还要工作一会儿。等最后一批松毛虫回窠，大约是翌晨（第二天的早晨。翌，yì，次于今天的、今年的）一两点了。

松毛虫通常只吃三种松叶。如果拿其他常青树叶给它们吃，即使那些叶子芳香开胃，松毛虫也宁肯饿死，不愿碰一下。这似乎没有什么好解释的，因为松毛虫的胃和人的胃一样挑剔。

松毛虫在松树上一边爬行，一边吐丝，并且将丝安放在路面上，回去时候循着丝走就行了。有时没找到自己的丝而找了别的松毛虫的丝，它就会来到一个陌生的虫窠。但不要紧，宾主之间不会争斗。大家对这种事似乎习以为常，就像什么事也没有发生一样。到了睡觉的时候，大家就像兄弟一样睡在一起，没有什么生疏感。不论是主人还是客人，大家都在固定的时间工作，把窠织得更大更厚。由于这类事时常发生，有几个虫窠总能"招收"一些外来工，它们的窠就显得比其他虫窠大一些。

松毛虫的信条是"虫虫为我，我为虫虫"。不管是在自己窠里还是在别的虫子窠里，每条松毛虫都竭尽全力，吐丝织壁，把窠织得更大更厚。其实，正是这样才扩大了集体的劳动成果。如果每条松毛虫只织自己的窠，不愿替别的虫子出力，那会出现什么结果？我敢肯定，它们造不出又大又厚的窠。因此松毛虫是协同造窠的，每条小小的虫子都竭尽一

一个人善于奉献，才能获得别人的感恩和回报，彰显自己在群体中的价值，过上和谐美好的生活。

己之力，大家的力量汇集在一起，才造出一个个属于大家的堡垒，一个个厚实暖和的大棉袋。每条松毛虫既是为自己工作，同时也是为其他松毛虫工作。多么幸福的松毛虫啊，它们不知道什么叫私有财产，什么是引发战争的根源。

松毛虫的一个特性就是结队而行。

十六世纪作家拉伯雷在《巨人传》中写了一个情节，巴努日渡海时与羊贩子丹德诺在船上吵了起来，为了报复，他假意和好，向羊贩子买了一只绵羊，然后突然把绵羊推到海里，结果，其余的绵羊都跟着跳到海里，淹死了。拉伯雷说："绵羊是世界上最傻最愚蠢的动物，生性如此：头羊往哪儿跑，就跟着往哪儿跑。"

其实松毛虫比绵羊还要死板，是死心塌地跟着领头的虫子走。头条松毛虫爬过的地方，其他松毛虫一定也要从那里爬过，一条接一条，既不拥挤，也不拉开距离。

松毛虫排成一队，一条条首尾相接，就像一条长长的绳子。在前面开路的松毛虫，随心所欲地爬行，爬出一条弯弯曲曲的路线，后面的松毛虫则老老实实地循着这条路线前进。古希腊人排着长队，去得墨忒耳（希腊神话中司掌农业的谷物女神）神庙朝觐（指宗教徒朝拜圣地或圣像。觐，jìn），他们的队形也没有松毛虫这么整齐。

有人说松毛虫一生都是在爬绳子，这种说法很能概括它们的特征。它们确实只在延伸的绳子上爬行，那绳子就是它们一边走一边铺的路轨。领头的那条松毛虫——它是偶然当上领队的——不断吐出口涎，拉扯成长长的丝线，安放在自己随心所欲走出的飘忽不定的路线上。这条丝线极细，就是借助放大镜去观察，恐怕都看不清楚。

第二条松毛虫跟着这条极窄的丝轨爬过来，并用自己的口涎为丝轨添上一根丝线。第三条松毛虫再增添一根。依此类推，爬在后面的松毛虫，不管有多少条，都把自己的一根细丝添加上去。等到一长串松毛虫爬过，路上已经形成了一条长长的丝带，在太阳的照耀下闪闪发光。我们人类的道路可没有它们这么奢侈。我们是用碎石铺路，它们是用丝带铺路；我们在路基上铺一层碎石，再用沉重的碾子压平，它们却是在路基上铺设柔软的丝轨。它们这项工程由大家出力建造，好处也由大家共享。

要这么奢侈干什么？难道松毛虫不能像其他毛虫那样，就在简易道路上爬行吗？据我观察，松毛虫采用这种办法，是有其原因的。通常松毛虫是在天黑以后出动，去啃食松树针叶。它们趁着夜色从枝端的窠里爬出来，顺着主干爬到最近一根没有啃食过的枝桠上吃食。一根枝桠啃光以后，再下到另一根枝桠。如此采食的位置逐渐下移。待到吃饱之后，它们就爬到一根未经触动的枝桠上，分散开来，在青翠的针叶丛中各自找一处地方歇息。

夜色渐浓，寒意渐深，松毛虫们也休息够了，于是打道回府。它们重新排好队，仍旧保持着一定的间距，依来时的次序往回走，谁也不加塞插队。它们从下面一个十字路口爬到上面一个十字路口，从叶子爬到托枝，从托枝又爬到桠枝，最后，顺着主干那嶙峋凹凸的小路回到窠里。路途漫长，路况复杂，即使眼睛看得见也难保不走错路。虽说松毛虫头部两侧各有五个视点，可是它们太小，用放大镜都看不清，很难说有什么视力，更不用说是在茫茫黑夜了。

嗅觉也不起作用。松毛虫有没有嗅觉器官，目前尚不清楚。虽说我还没有下决心弄清这个问题，但至少可以证实它们的嗅觉器官不能用来判断方向。在实验中，我用几条饥饿的松毛虫证实了这一点。我在很长时间里不让这几条松毛虫吃食，然后让它们爬出去采食。当它们从一根松针旁边爬过的时候，却看不出有想停下来采食的意思。看来给它们提供信息的是触觉。这几条虫子的嘴没有碰到食物，因此尽管饿着肚子，却都不往松针那边爬。它们并不是嗅到什么食物才爬过去，而是碰到什么食物才会伸嘴。

既然不能靠视觉和嗅觉找到回家的路，那么靠什么东西来引导呢？那就是，靠仍然留在路上的丝线。古希腊神话中，英雄忒修斯闯进克里特王的迷宫，杀死半人半牛怪物弥诺陶洛斯。如果不是靠着克里特王的女儿阿里阿德涅给他的一团线绳引路，他就陷在里面出不来了。一蓬蓬的松针原本就杂乱，又是在茫茫黑夜，这就构成了一种迷宫，和怪物弥诺陶洛斯的迷宫一样错综复杂，摸不清方向。而依靠丝线，松毛虫就可以找到来路，不会走错。到了该回家的时候，每条松毛虫都可以轻易找到自己的或者别的虫子的丝线。虫子们四处散开，丝线也随之散成扇形的网络，往回撤时，虫子们循着丝线回到共用丝带上，重新集结成一列长队。而共用丝带的起点，就是虫窠。吃饱了肚子的松毛虫队伍就是用这种可靠的办法回到住地。

有时在白天，甚至在冬天，松毛虫也来一番长途跋涉，当然是在好天气。它们从树上爬下来，到地上探险。这时松毛虫之间的距离，有它们的五十步那么远。这种远足的目的不是寻找吃的，一则是栖居的那棵树还远没有吃光，它们才吃了一茬已经长成的树叶，二则在天黑以前它们是绝对不吃东西的，而是散步健身，并借此机会了解附近的情况，考察可用的地点，将来就准备在那儿遁入地下，完成由虫而蛾的变形。

显然，在大队出行时，引路绳是不容忽略的东西，比任何时候都不可缺少。全体队员都得把自己的丝吐出来，编成引路绳。这是一条必须遵守的规定。没有哪条松毛虫向前爬行时，不把自己的丝挂在路上。结队而行的松毛虫多了，丝带就会变粗，这就更便于松毛虫们摸到。只是有一点要提请大家注意，松毛虫在爬行时，从来不会掉头转身，它们不想在自己的丝绳上来个一百八十度的转变。

为了找到来路，松毛虫必须迂回把一条丝带扯到来路上。而领头的松毛虫当时的心理和情绪，就决定了这条丝带的曲折程度。松毛虫的队伍常常因此而在路上彷徨、蹉跎，耽搁了回家的时间，而在外面过夜。不过在外过夜也不要紧，大家围拢来，一动不动地挤成一团，一夜也就过去了。第二天，或早或晚，大家又重新开始寻找回家的道路。更经常的是虫子队伍迂回过来，恰巧碰上了来路。领队的松毛虫一踏上那条丝带，就立刻变得果断，于是松毛虫队伍加快速度，走上回家之路。

我们还可从另一方面看出丝带的作用。松毛虫冬天要在严寒下工作，它们要编织一个掩体，在坏天气时避寒。凛烈的寒风把松树刮得摇来晃去，在动荡不定的树梢上，光靠一条松毛虫的丝是没法把自己保护起来的，只有靠大伙儿同心协力，才能织造出一所结实的、足以抵御风霜冰雪的避难所。群居可以把各个个体微不足道的力量集中起来，织造经久耐用的窠。

可是织造虫窠要花时间。在天气许可的情况下，松毛虫每晚都得工作，不是加固虫窠，就是扩展空间，因此，只要严冬没有过去，只要松毛虫仍处于毛虫状态，大家就一定要团结合作。如果没有一定的措施，那么每一次夜间外出吃食，都有可能使成员分开，集体散伙：大家只顾吃得快活，四面散开，各据一方，各吃各的针叶，而忘了回共同的家。怎样才能把散开的松毛虫重新召到一起呢？

让每条松毛虫都在路上留下自己的丝线，这样就可以把它们随时随地召回来，重新组成一个整体。只要有一条丝线引路，不管走出多远，松毛虫都能回到同伴们身边来，而绝不会走失。时候一到，它们无论远近、上下，就从一根根树枝上回来了。散开的虫子很快又集合在一起。吐丝比修路更有好处，因为丝线是联系各个成员的纽带，是维系集体团结的网。

松毛虫结队而行的时候，不论队列长短，总有一条虫爬在最前面。我因为找不到更合适的词，而把这条虫称为"领队"。其实这条虫与其他松毛虫没有什么区别，它只是碰巧排在第一位。在松毛虫群里，"领队"都是临时性的。刚才带领大家爬行的松毛虫，现在也许又被别的虫带领，因为不知发生了什么事情，队形乱了，等大家重新排好，队形已经有了变化。

"领队"虽然是个临时职务，可是任职的松毛虫却是尽心尽力。别的虫子是被动地跟随队伍行进，它却十分紧张，总是伸出脑袋左右探着，似乎一边爬行还得一边侦察情况。它是在探测地形吗？或者，是在选择更安全的落脚点吗？或许它逡巡不前（因为有所顾虑而徘徊不前。逡巡，qūnxún），只是因为前面没有引路的丝线，心里不踏实吧？后面的虫子从容不迫地爬行，是因为它们有丝可循；而打头的虫子犹豫不决，是因为没有东西可以依赖。

"领队"的黑亮脑袋里究竟在想什么，我们是没法知道的。但是根据它的动作判断，它脑袋里有小部分东西具有分辨功能。它凭经验可以辨别坚硬粗糙的物体，过于光滑的物体，松软的粉状物质，以及其他长途旅行者留下的丝线。我虽然经常观察这些结队的松毛虫，但是对它们的智力就只了解这点。总之它们是些笨头笨脑的家伙，只知道用一根丝线来保护自己的团体。

松毛虫的队伍长短不一，长的非常长，短的亦非常短。我在地上见过的松毛虫队伍，最长的有十来米，两三百条松毛虫排成一长溜，整整齐齐，浩浩荡荡，就像一根起伏波动的长绳子。最短的队伍也许仅由两条松毛虫组成，但即使如此，它们也规规矩矩地排队，一条在前，一条在后，绝不乱来。从二月份开始，我的温室里就出现了长短不一的松毛虫队伍。我能不能做做实验，来为难它们一下呢？我想了两个方案：一是拈走"领队"，二是截断引路的丝线。

拈走"领队"没有明显的作用。只要松毛虫没有受到惊扰，它们的队伍是不会乱的。排在第二位的虫子继任"领队"，立即意识到担任这一职务的责任，即要选准路线，带好路，更确切地说，就是既要费思量，又要勤探索。

截断丝线也没有什么用。假设我从队伍中段拈掉一条松毛虫，并在不惊扰虫队的情况下把这条虫子脚下的丝线剪断，清除干净。这样队伍分成了两截，出现了前后互不联系的两个"领队"。但很可能出现这样的情况，后面的"领队"马上又踏上了前面的丝线，因为它本来就离前队不远，于是又恢复了原来的队形。

更可能出现的情况是，前后两队没有再行串接起来，于是两支队伍分道扬镳，越离越远。可是即使这样，两支队伍最后也一定会回到集体的住地。因为它们循原路返回时，早晚会来到断口，重新发现通往住地的丝线。

不过这两个实验都没有什么意义。我拟定了一个计划，想让松毛虫走上一条循环的路线，这就要把与环线交叉的丝线及时切断，因为它会把环线引入歧途。只要没有岔道，列车就会循着环线一圈圈运行下去。如果松毛虫队伍的前面总是一条畅通无阻，没有岔道的环线，那么它们会不会在那上面一直走下去呢？会不会把圈子一直兜下去呢？我打算做的事，就是修出这样一条不会自然产生的环线。

我最初想到的办法，是用镊子夹住虫子队伍后面的丝带，轻轻地移到队伍前面。如果打头的虫子走上这条丝带，实验就成功了。其他虫子会跟着走上去。这个实验从理论上说是可行的，但做起来却非常困难，因为丝线十分纤细，一粒小沙子也足以把它拉断。即使没有断，排在队尾那些松毛虫也会感到某种颤动，从而缩起身子，甚至离开丝带。

也许还会遇到更大的难题：领头的松毛虫不接受被人放置在面前的丝带，那截断头让它生出顾虑。因为找不到正常的丝路，它就会在左右开辟新的路线。如果我硬要把它扯回环线，它就会拒不服从，缩起身子，不肯往前爬。接下来，整个队伍就会乱套，不必枉费心机了，这是个蠢办法，只是一厢情愿，不可能成功的。

我们应该尽可能不进行干涉，让松毛虫自己去铺设一条环线。有没有这种可能呢？有。我们完全能够看到松毛虫的队伍在自己铺设的环钱上兜风。做到这点很不容易，多亏环境为我提供了机会。

我屋前的松树上有虫窠，松树下是一片铺沙的地坪。松树旁是几口栽种了棕树的大花缸，缸围有一米半左右。松毛虫喜欢攀缘缸壁，爬上那圈往外翻的缸沿。它们觉得在那儿结队爬行很舒服。也许是因为缸沿很稳固，不像沙子地面松散滑动，使不上劲。也许还因为缸沿是水平的，爬行起来不费力气。而那圈缸沿正是我梦寐以求的环线。万事俱备，只欠东风。我没怎么等待，机会就送上门来了。

一八九六年一月倒数第三天中午，我忽然发现一队成员众多的松毛虫正在攀缘缸壁。走在前面的已经到达它们最喜欢的缸沿，跟在后面的依次攀上来，在缸沿上排成间距均匀的队伍，开始向前爬行。下面还有松毛虫在陆续抵达，把队伍不断加长。我在一边等待队伍首尾合拢，也就是说，等待领头的松毛虫再次进入环线的入口。一刻钟以后，领头的那条虫绕回来了。一条天衣无缝的环线就这样形成了。

现在，该把还没有攀上缸沿的那些松毛虫扫掉了，因为它们要是爬上缸沿，补进队伍，那么排得好好的队列就要遭到破坏。另外，铺在缸壁上的细丝，不管是早先铺的，还是刚铺的，都要清除干净，不然它们会成为联系缸沿和地面的纽带。我先挥着大排笔，把多余的攀缘者扫掉，接着用硬毛刷仔细刷着缸壁，把丝线除得干干净净，把松毛虫的气味也清除了，因为说不定实验会叫松毛虫的气味给破坏掉。一切准备就绪，我们就来观看一场好戏吧。这时松毛虫队伍首尾相接，排成一圈，不再有领头的虫：每条虫子前面都有一条虫，每条虫子后面也跟着一条虫，它们踏着前面伙伴的足迹，在集体的产物丝带的引导下向前爬行。每个成员都重复着同样的动作，没有一条松毛虫充当指挥，也就是说，没有一条松毛虫随心所欲来改变路线。大家仍然怀着对领路虫的信任，一条接一条地跟着爬，却不知道在正常情况下领路的虫子，在我的安排下，已经被免职了。

松毛虫在缸沿上爬过一圈之后，丝路就铺好了。排成环形队伍的虫子不断把丝吐在路上，丝路越来越宽了。丝带周而复始，却没有出现岔道，因为我的硬毛刷已经把所有的道岔口都除掉了。在它们上当受骗的环形小道上，虫子们将怎么办呢？难道要一圈一圈地转下去，直到精疲力竭为止吗？

古代有个哲学家叫布里丹，提到一头著名的驴子，说它被带到两份燕麦饲料之间，却因为不知道该吃哪边的饲料，竟活活饿死了。它无法打破两个相等的欲望间的平衡，也就下不了决心吃哪边的燕麦。从前人们都说这头驴子蠢，其实它并不蠢，面对逻辑设下的圈套，它似乎做出了回答，那就是：两边的都想吃。这些松毛虫有没有驴子那点智慧呢？它们长久困在环线上，找不到出路，会不会通过反复尝试，找到突破那套封闭体系的办法呢？只要在任何一边离开跑道，就可以达到它们的饲料，即近在咫尺的苍翠松针。它们会不会下定决心，采取离开跑道这唯一可以达到目的的办法呢？

我认为松毛虫们会这样做，可是我错了。我当时想的是，松毛虫转上一两个钟头，一定会发现自己上当了，也就会丢开这条欺骗它们的跑道。它们随便找个地方爬下缸沿，就可以爬到地面上，没有任何东西阻止它们离开。它们要是还留在环线上，忍饥挨饿，那就是蠢到了极点，简直让人没法相信。然而，事实却偏偏是这样。

一月三十日，将近中午时分，天清气朗。松毛虫开始排队进行循环运动。每条虫子都跟着前面的虫子，大家规规矩矩地迈步前进，长长的队伍没有任何断口，不可能出现脱离道路的情况。大家都无意识地随着大队兜圈子，就像钟表盘上的指针，一步不差地循着圆盘，踩着点子走。失去了领队的队伍，也就失去了自由和意志，成了一个不停旋转的齿轮。几个小时过去了，以后又是几个小时，虫子们仍然在转着。它们是这样规矩，这样执着，大大超出我的预料。我不禁被它们感动了，更确切地说，被它们惊住了。

它们不停地转着圈子。最初单薄的丝线，现在变成了两毫米宽的美丽的丝带。在缸沿微红的底色映衬下，一眼就可看到那闪闪发光的丝带。白日将尽，跑道上仍然没有出现任何岔道。另一个惊人的事实更能说明问题。

严格地说，那条丝带不是平坦的。有一处地方丝带滑下去，到了缸沿边下面，然后又斜斜地爬上缸沿上面。这一段丝带约有六七英寸长，从松毛虫爬第一圈开始，我就用铅笔标出了这一段的下落点和上升点。整个下午，而且更让人信服的是，以后好几天，松毛虫绕着缸沿兜圈子，从下落点爬下去，又从上升点爬起来，从没有偏离过轨道。由此可见，丝带一经安置好，爬行路线就不可更改地定下来了。

路线不可改变，但速度却有快有慢。据我测算，松毛虫队伍爬行速度是平均每分钟九厘米。途中休息的时间有长有短。此外，爬行速度有时会放慢，特别是在气温渐渐下降的时候。到了晚上十点钟，松毛虫已经疲惫极了，只不过是在有气无力地拱动尾部而已，整支队伍看上去就像是一道恹恹无力的波浪。歇憩的时刻就要到了，因为温度降低了。松毛虫累了，也饿了。

这时正是松毛虫吃食的时候，温室里，所有的松毛虫都排队出动，在虫窠附近啃食我事先放置的松针。气温还不算很低，园子里的松毛虫也纷纷出来吃食。只有缸沿上一队松毛虫例外，它们还趴在那上面歇憩。它们肯定想爬到松树上大吃一顿，跑了十来个小时，它们肯定饿坏了，只要逮着吃的，一定不会放过。可是离它们不远的地方，就有味道鲜美的松树枝，只要往下爬一段路，美食就可以进嘴了，可是这些呆子执迷不误，仍然死守着丝带不放。十点半钟，我离开这队饥肠辘辘（形容肚子饿时发出的声音，肚子饿得咕咕直响，十分饥饿。辘，lù，车行声）的松毛虫，认为黑夜会让它们变聪明，天亮后一切会恢复正常。

这次我又错了，我把它们看高了。我总认为饥饿的折磨会使人倏然（忽然。倏，shū，极快地）清醒，我相信松毛虫也会是这样。第二天一大早，我就跑去观察。只见松毛虫仍然排着头天的队伍，不过一条条垂头耷脑，死气沉沉。待到温度升高一点儿后，它们勉强打起精神，又排着队转起圈子来，就和昨天一样，那股呆劲儿有增无减。

这天夜里，天气骤寒。前半夜，园里的松毛虫已经预知气候要变冷了。虽说天气暂时还不错，但是它们却不肯出窠。我的感觉比较迟钝，光看表面现象，还以为天气会继续好下去。一清早，我发现小径上打了霜。这是入冬以来的第二次寒潮。园子里的大水池，水面结了薄冰。温室里的松毛虫情况会怎么样呢？我们且去看看。

除了缸沿上的那一群，其余的松毛虫都躲在窠里。缸沿上那些虫子这次没有排队，而是乱糟糟地挤做两堆。它们这样做，是为了互相取暖，少挨点儿冻。寒冷确实是不幸，然而对缸沿上的松毛虫来说，这又是一件幸事。寒夜把那一圈松毛虫分成两堆，这就为它们的得救创造了机会。两部分松毛虫都活跃起来，不用多久，它们就会排成队，踏上归途，而每一队就会出现一个领队。领队不必跟着别的虫子走，比较自由，也就有可能把队伍带出环线。我们知道走在头前的松毛虫通常负有侦察地形的任务。只要没有突发事件，引起骚动，松毛虫都规规矩矩地跟着领队走，而领队则认真履行职责，不断伸出脑袋左探右探，寻找方向，摸索情况，选择路线。它在前面做好决定，后面的大队虫子只管跟着它走就行了。应该说明的是，即使走的是老路，而且有丝带可循，领队仍然一刻不停地勘察路线。

我以为松毛虫只要离开缸沿就能获救，可是有些虫子犯了老毛病，又开始排队，在缸沿上走起来。这一来形成了两支不长的互不相连的队伍，也就产生了两个有选择自由的领队。它们能不能领着队伍走出魔圈呢？有一阵子，两个领队的黑脑袋摆来摆去，似乎急于找到一条新路，看到它们这种架势，我确信它们一定能够走出魔圈。可是不久，我就发现情况不对。原先挤在一堆取暖的虫子越来越多地加入队伍，使得本来分开的两支队伍又接上了，两条领头虫再次沦为无头无尾的队伍里的普通虫子。更叫人着急的是，松毛虫排着队，又在缸沿上转了一天。

这天夜里，起初天清气朗，星空灿烂，后半夜却又降了霜。接着，又一个白昼来临。这些松毛虫别无选择，又挤在一处过了一夜。有些虫子已经脱离了那条要命的丝带。我走过去观察它们是不是还在执迷不悟，正好看到一条虫子在丝带外面爬。它置身于一个崭新的天地，正冒冒失失地往前闯哩。只见它往上爬，翻过缸沿，再往下爬，到达缸底的土层。有六条毛虫跟随去了，可是只有这六条。其他虫子还在睡意蒙眬之中，身子动都没有动一下。

一步没跟上，就得再度沦入往日的轮回。松毛虫们又在丝带上排队转圈，只不过这次队伍出现了缺口。然而由此而产生的领头虫却一如既往，没有任何革新的尝试。彻底走出魔圈的机会就在眼前，领头虫却不知利用。

那七条爬到缸底的虫子，也没有改变自己的命运。它们忍饥挨饿，爬到棕树顶上，四处寻找吃的，可是那些叶子不合口味。它们只好顺着来路往回走，再次爬上缸沿，回到大队。七条虫子归队以后，缺口弥合了，松毛虫的队伍又成了一个无头无尾的运动着的圆圈。

有个传说，说一群可怜的生灵，受了诱惑，进入一条没有尽头的环形通道，最后等到一滴圣水降临，才驱除了他们身上那股可怕的魔力。会有什么幸运之水降临到这些松毛虫身上，从而使它们停止那没完没了的转圈，走上归家之路呢？我认为，这些虫子要驱除魔力，离开魔圈，只有两个办法。说是两个办法，其实是两道难关。

只有闯过难关，才能找到幸福。这就是奇特的因果关系。

第一个办法，就是天气再冷下去，让虫子胡乱地挤在一起。有些虫子会死守着道路，而更多的虫子会挤出路面。不在路面上的虫子中间，迟早会出现一个敢于开拓新路的革命者，它将把队伍带回家。我们刚才已经看到了一个实例，有七条松毛虫爬到缸底，上了棕树。虽说那是一次不成功的尝试，但毕竟是进行了尝试。其实，刚才只要反方向而行，它们就大功告成了。一共两个方向，它们已经试过一个方向，这就够不错了。下次，它们一定能获得更大成功。

第二个办法，就是让虫子们更累，更饿。这样一来，总会有一条爬不动，腿脚不便的虫子停下来。它前面的队伍会继续前进一段时间，它后面的队伍则会受它阻拦，停下来。这样队伍里就出现了断口，这条虫子也就成了领队。只要它隐隐冒出寻找自由的念头，就可以把大队带上一条新路，一条救命之路。

总之，要使挨饿受冻的松毛虫列车脱离苦海，就必须有意制造出轨事故。而列车出不出轨，全在于领队的一时之念，因为只有它能够选择路线，但是如果队伍首尾相接，那就没法产生领队，只有出现断口，队伍才有首尾可言。而只有疲劳、饥饿，才能使松毛虫的队伍出现混乱，停止前进，造成断口。

其实可以拯救虫子们的事故，尤其是疲劳造成的事故相当经常地发生。当天，虫子们的队伍就多次断成两三截，可是不久又接上了。能够把虫子们带上归途的领头虫始终没有开拓新路的意识。

第三夜又是一个寒夜。寒夜之后，是第四个白昼。这一天仍未出现新局面。不过有一件事值得一提：昨天爬到缸底的七条松毛虫，在缸壁上留下了丝迹。今天上午，这条最终与环线再度接上的岔路被虫子们发现了。有一半虫子循着这条路线爬到了缸底，还上了棕树；另一半虫子则留在缸沿上，继续兜圈子，到了下午，开小差的那队松毛虫回到缸沿，与环线上的队伍接上头，又恢复了原来的圆圈。

第四夜霜冻更加严重，但是温室还没有受冻。第五天是一个大晴天，阳光灿烂，万里无云。玻璃棚刚被太阳照暖，挤成一堆的松毛虫就醒了，又开始在缸沿上转圈子。不过队伍已经失去了头一天的严整。队形开始混乱。虫子们显得不安。由于昨天和前天已经有虫子爬到缸底，在缸壁上留下了丝线，今天有部分虫子就循着这条丝线的起点出发了，不过它们走出的是一条新的岔路。至于其他虫子，仍旧在缸沿上绕着圈子。但是有岔道口作怪，它们分成了两拨，队伍长度大致相当，朝着同一方向前进。有时两队连接在一起，但转了几圈以后又分开了。

疲劳与饥饿使队伍变得混乱。有不少虫子伤了筋，歪了脚，不肯再往前爬。队伍多处中断，变成若干小分队。每个小分队都产生了一个领队，领队们左顾右盼，在探测地形，看来虫子们有获救的可能。可是黑夜再度降临，我的愿望落空：虫子们又走到一起，再度开始那无头无尾的转圈运动。

寒潮来得快，去得也快，天气一下暖和起来。今天是二月四号，风和日暖，温室里活跃起来，松毛虫倾巢而出，下到沙子地面，像波浪似的拱着身子爬行，那一圈圈队伍，就像平放在地面上的一个个花环。缸沿上那支松毛虫队伍则不时地出现断口。我头一次看见有一些勇敢的领头虫，为温暖的阳光所鼓舞，用尾部的一对假足抠住缸沿外侧，把身体挂在空中，扭动着探测新路。这种动作它们重复了多次，每次队伍都停下来，虫子们一齐摇头拱尾，等着结果。

有一条领头虫敢作敢为，决定从缸沿外边逃走。它沿着凸边滑到缸的外壁，有四条虫子跟它走了。其余的虫子不敢越雷池一步，继续沿着老路爬行。

脱离大队在外壁探索的那支小分队往下爬了一半，又犹豫起来。它们久久地在半腰上徘徊，然后又斜斜地往上爬，回到缸沿上的大队伍当中。这次尝试可说是功败垂成，因为再往下爬几步路，就有细嫩的松针可吃了。我把一把细松枝放在那儿，想引诱这些饥肠辘辘的虫子，可是它们没有从色、形、气、味上得到任何信息，眼看就爬到食物边上，谁知又掉头转了回去。

不过这次尝试终究是有用的，它们已经留下了路标。两天以后，也就是实验的第八天，那些松毛虫或者单枪匹马，或者三五成群，或者排成一支稍长的队伍，沿着没有路标的路线，从缸沿上爬下来了。到太阳落山的时候，磨蹭到最后的虫子也回到了家里。

我们现在来计算一下。松毛虫在缸沿上待了七天，七乘二十四小时，合共是一百六十八小时。除去行累了的休息时间，尤其是夜间最冷的几个钟头，大概还有一半时间，也就是说，八十四小时是爬行的时间。松毛虫的平均速度是每分钟九厘米，如此算来，七天里每只松毛虫一共爬行了四百五十三米。对于松毛虫来说，这算得上长途跋涉了。缺口的周长，也就是环线的长度是一百三十五厘米。这样算下来，松毛虫在缸沿上周而复始地走了三百三十五圈。看到松毛虫在面对那些小事故时的表现，我们就知道它们是非常愚蠢的，算出这些数据以后，我们更要大吃一惊了：它们执迷不悟竟到了这种地步。我认为，松毛虫在缸沿上滞留那么久，并不是怕冒风险，或者路途艰难，而是头脑愚笨，不能幡然醒悟。其事实表明，下来和上去同样容易。

松毛虫的身体柔软，能够附着在突出的物体表面，仰面朝天地爬行。不论是竖着爬，还是横着行，不论是背朝下，还是背朝上，它都能行走自如。此外，它只有把丝线铺好后才继续往前走。有了这样的"扶手"，它不管处于什么姿势，都不用担心跌落。

我在前面说过，那条丝质环线不是平坦的。有一处地方它降下去，在另一处地方升上来。这中间一段路松毛虫就是仰面朝天爬过来的。对松毛虫而言，这种爬行姿势并无多大不便与危险。它们每爬行一圈，就要重复一次这种姿势。

松毛虫身处困境，忍饥挨饿，既没有线囊避寒，又无法避免夜晚的霜冻，日复一日地沿着丝路，走了一圈又一圈，这种痴迷与冥顽，真是可悲可叹。它们若是有一丝理性，就不会吃这份苦，受这茬罪了。

不懂反省，那就很难走出自己的困境。学会理性思考，懂得反省，才能少犯错误，更理智地为人处世。

虫子们是不可能思考和感受的。走了将近半公里路，绕了三百多圈，它们却没有获得任何启示。直到出现偶然的情况，才使它们回到虫窠。如果不是露宿造成混乱，疲劳之后需要停步休息，或者不是在环线之外留下一些岔路口，它们就会在那条丝道上送命。正是靠了那些岔路口，几条虫子才离开环线，往下探索，为大队虫子终于走下来做了准备。今天有门很红的学问，希望在最低级的生物中发现理性的起源，那我就向他们推荐结队松毛虫吧。

（肖旻　译）

延伸阅读

1. 需要是创造之母。

2. 自然法则已存在，但事实不容否认，无论如何，理论的迷雾是遮盖不住事实的。

3. 资料能使我们以往的某些猜测得到证实，或者也能给我们带来灵感。

4. 观察靠的是积累。好比滚雪球，即便每次都只能滚上很薄的一层，最终也会越滚越大。

5. 每一次观察都有助于清除观念中的某些盲点。

6. 别泄气。幸福的生活不在现在，更不在过去，而是在将来，将来是希望所在。

7. 我们不能犯以偏概全的毛病。

8. 动物有点与人类相似：它们也"术业有专攻"，只在自己熟悉的领域内才会有所作为。

9. 十分可能的事情并不等于明摆的事实。只有明摆的事实才能无法抗拒地叫人接受，才能不容置疑。

10. 名声是靠传说传播的。

11. 你们这帮无耻的家伙，贪财渔利，毫无心肝，只要有银子可得，就不怕把世人欺瞒。

12. 只有闯过难关，才能找到幸福。

法布耳《昆虫记》

周作人

　　法国法布耳（今译法布尔）所著的《昆虫记》共有十一册，我只见到英译《本能之惊异》《昆虫的恋爱与生活》《蠼虫的生活》和从全书中摘辑给学生读的《昆虫的奇事》，日本译《自然科学故事》《蜘蛛的生活》以及全译《昆虫记》第一卷罢了。在中国要买外国书物实在不很容易，我又不是专门家，积极的去收罗这些书，只是偶然的遇见买来，所以看见的不过这一点，但是已经尽够使我十分佩服这"科学的诗人"了。

　　法布耳的书中所讲的是昆虫的生活，但我们读了却觉得比看那些无聊的小说戏剧更有趣味，更有意义。他不去做解剖和分类的工夫（普通的昆虫学里已经说的够了），却用了观察与试验的方法，实地的纪录昆虫的生活现象，本能和习性之不可思议的神妙与愚蒙。我们看了小说戏剧中所描写的同类的运命，受得深切的铭感，现在见了昆虫界的这些悲喜剧，仿佛是听说远亲——的确是很远的远亲——的消息，正是一样迫切的动心，令人想起种种事情来。他的叙述，又特别有文艺的趣味，更使他不愧有昆虫的史诗之称。戏剧家罗斯丹（Rostand）批评他说，"这个大科学家像哲学者一般的想，美术家一般的看，文学家一般的感受而且抒写"，实在可以说是最确切的评语。默忒林克（Maeterlinck）称他为"昆虫的荷马"（荷马即

Homeros 的旧译，相传是希腊二大史诗的作者——作者原注），也是极简明的一个别号。

法布耳（Jean Henri Fabre，1823—1914）的少年生活，在他的一篇《爱昆虫的小孩》中说的很清楚，他的学业完全是独习得来的。他在乡间学校里当理化随后是博物的教师，过了一世贫困的生活。他的特别的研究后来使他得了大名，但在本地不特没有好处，反造成许多不愉快的事情。同僚因为他的博物讲义太有趣味，都妒忌他，叫他做"苍蝇"，又运动他的房东，是两个老姑娘，说他的讲义里含有非宗教的分子，把他赶了出去。许多学者又非难他的著作太浅显了，缺少科学的价值。法布耳在《荒地》一篇论文里说，

> 别的人非难我的文体，以为没有教室里的庄严，不，还不如说是干燥。他们恐怕一页书读了不疲倦的，未必含着真理。据他们说，我们的说话要晦涩，这才算是思想深奥。你们都来，你们带刺者，你们蓄翼着甲者，都来帮助我，替我作见证。告诉他们，我的对于你们的密切的交情，观察的忍耐，记录的仔细。你们的证据是一致的：是的，我的书册，虽然不曾满装着空虚的方式与博学的胡诌，却是观察得来的事实之精确的叙述，一点不多，也一点不少；凡想去考查你们事情的人，都能得到同一的答案。

他又直接的对着反对他的人们说，

> 倘若我为了学者，哲学家，将来想去解决本能这个难问题的人而著述，我也为了而且特别为了少年而著述；我想使他们

爱那自然史，这就是你们使得他们如此厌恶的：因此，我一面仍旧严密的守着真实，却不用你们的那科学的散文，因为那种文章有时似乎是从伊罗瓜族（伊罗瓜〔Iroquois〕是北美土人的一族——作者原注）的方言借用来的！

我们固然不能菲薄纯学术的文体，但读了他的诗与科学两相调和的文章，自然不得不更表敬爱之意了。

小孩子没有不爱生物的。幼时玩弄小动物，随后翻阅《花镜》《格致镜原》和《事类赋》等书找寻故事，至今还约略记得。见到这个布罗凡斯（Provence）的科学的诗人的著作，不禁引起旧事，羡慕有这样好书看的别国的少年，也希望中国有人来做这翻译编纂的事业，即使在现在的混乱秽恶之中。

主要人物关系

塔蓝图拉毒蛛　一种喜欢居住在地穴里的蜘蛛，靠偷袭和用毒汁猎取食物。是一种毒性很强的蜘蛛。

虎纹园蛛　一种善用垂直大网捕猎食物的蜘蛛，会织出精巧的卵巢养育小蜘蛛。

狼蛛　一种靠伏击猎物获取食物的蜘蛛。它虽然织网，但网巢主要为养育小蜘蛛。它经常把装有蜘蛛卵的卵巢带在身上。

蟹蛛　一种非常厉害的蜘蛛，像螃蟹一样横行。这种蜘蛛不结网捕猎，而是伏击猎物，特别擅长一剑封喉的猎取术，有毒。它也精通筑巢养育小蜘蛛。

园蛛　特别擅长结网捕食的一类蜘蛛，有很多品种，比如条纹园蛛、纺丝园蛛。这类蜘蛛的网非常奇妙，有黏性，也有自己的"发报"系统。它们是花园里最常见的蜘蛛种类。

蟋蟀	一种特别会掘窟造窝的昆虫，是会用鞘翅歌唱一个夏天的可爱生命。
蝉	从地下钻出来，蜕壳后能飞上树枝的一种虫子。古老的寓言里它被看成是游手好闲的代表，实际上它需要四年时光才能享受几个月的美好阳光。
松毛虫	一种喜欢吃松针的虫子，它们过的是集体生活，经常成群结队地爬行寻找食物、晒太阳，等待变成飞蛾后繁衍后代。